高等学校计算机类专业系列教材

U0159532

Python 编程与计算机视觉应用

主 编　刘国华

西安电子科技大学出版社

内 容 简 介

本书共 11 章，分为三部分。第一部分(第 1 章至第 5 章)介绍了 Python 在计算机视觉中的图像基本操作、图像增强、形态学处理、局部图像特征提取、图像分割等方面的编程应用。第二部分(第 6 章至第 8 章)梳理了计算机视觉的相关基础理论，包括深度神经网络基础、卷积神经网络基础和 PyTorch 深度学习框架。第三部分(第 9 章至第 11 章)列举了 Python 在计算机视觉中的典型应用，即在图像分类、目标检测和语义分割中的应用。各章都附有相关的习题，可供自学练习，以便读者加深对本书所述内容的理解。

本书深度适中，内容力求精练，可作为高等学校计算机科学与技术、电子信息工程、通信与信息工程等专业本科生与研究生的教材，也可供人工智能、模式识别等相关领域的科研人员和工程技术人员参考。

图书在版编目(CIP)数据

Python 编程与计算机视觉应用 / 刘国华主编. --西安：西安电子科技大学出版社，2023.5
ISBN 978-7-5606-6836-9

Ⅰ.①P… Ⅱ.①刘… Ⅲ.①软件工具—程序设计 ②计算机视觉 Ⅳ.①TP311.561 ②TP302.7

中国国家版本馆 CIP 数据核字(2023)第 048328 号

策　　划　秦志峰
责任编辑　雷鸿俊
出版发行　西安电子科技大学出版社(西安市太白南路 2 号)
电　　话　(029) 88202421　88201467　　　　邮　编　710071
网　　址　www.xduph.com　　　　　　电子邮箱　xdupfxb001@163.com
经　　销　新华书店
印刷单位　陕西天意印务有限责任公司
版　　次　2023 年 5 月第 1 版　　2023 年 5 月第 1 次印刷
开　　本　787 毫米×1092 毫米　1/16　印张 16.25
字　　数　383 千字
印　　数　1～2000 册
定　　价　47.00 元
ISBN　978-7-5606-6836-9 / TP

XDUP 7138001-1
如有印装问题可调换

前　　言

Python 是一种面向对象的解释型计算机程序设计语言，拥有丰富的第三方支持库，具有操作简单，阅读、调试和扩展容易，可跨平台使用的特点，在人工智能、计算机视觉、Web 开发、系统运维、大数据及云计算、金融、游戏开发、科研等领域得到了广泛应用。近年来随着计算机视觉理论和技术的发展，将 Python 语言与计算机视觉应用进行融合成为了研究热点。

本书主要向读者介绍计算机视觉相关理论，并展示 Python 语言在计算机视觉中的编程应用，特别是在计算机视觉三大任务（图像分类、目标检测和语义分割）中的应用。本书以实际案例为主，展示了 Python 语言环境的搭建、代码的编写及结果的输出，即通过理论与案例相结合的方式，介绍基于 Python 语言的计算机视觉应用。

本书共 11 章，内容安排如下：

第 1 章为图像基本操作，主要介绍相关软件安装及环境配置，以及利用 Python 中的图像处理库（包括 PIL、Matplotlib、NumPy、SciPy 和 scikit-image）对图像进行处理。

第 2 章为图像增强，主要介绍图像增强的概念和分类以及实现图像增强的方法，包括强度变换、直方图处理、图像的平滑以及图像的锐化。

第 3 章为形态学处理，主要介绍数学形态学基础知识、二值图像的形态学处理以及灰度图像的形态学处理。

第 4 章为局部图像特征提取，主要介绍图像特征提取中特征检测器与描述符，包括 Harris 角点检测器、斑点检测器以及尺度不变特征变换的基本原理和应用。

第 5 章为图像分割，主要讲述几种不同的图像分割方法，包括基于阈值的图像分割、基于边缘或区域的图像分割、图割、使用聚类进行分割以及其他分割算法。

第 6 章为深度神经网络基础，主要介绍深度神经网络的基本概念和基本结构，以及监督学习与无监督学习、欠拟合与过拟合、反向传播、损失和优化以及激活函数等。

第 7 章为卷积神经网络基础，介绍了卷积神经网络的基本概念与基本结构，并对卷积层、池化层和全连接层进行了详细介绍，展示了如何使用这些基本的层次结构来搭建卷积神经网络模型。

第 8 章为 PyTorch 深度学习框架，主要介绍 PyTorch 框架的基础知识和使用方法，具体包括 PyTorch 框架简介、PyTorch 环境配置与安装、PyTorch 中的 Tensor、PyTorch 常用模块及库。

第 9 章为计算机视觉应用——图像分类，简要介绍图像分类的基本概念和常见的解决方案，重点讨论 VGGNet 的基本原理以及如何在实际应用中进行图像分类模型的训练和评估。

第 10 章为计算机视觉应用——目标检测，重点介绍计算机视觉应用中的目标检测技术，包括两种主流目标检测网络，即 Faster R-CNN 和 YOLOv3。此外，本章还介绍了目标检测算法的评价指标。

第 11 章为计算机视觉应用——语义分割，简要介绍语义分割的基本概念和解决方案，重点梳理几种经典的语义分割模型以及常用的语义分割数据集和评价指标。

本书由天津工业大学刘国华教授执笔，赵伟、任家伟、李奕钧、牛树青、马千文、郭长瑞、连海洋参与编写工作并进行程序实验，刘国华负责统稿、定稿。在编写过程中，编者参考了大量书籍、论文、资料和文献，在此对原作者表示衷心感谢。

由于编者水平有限，书中不足之处在所难免，敬请读者不吝指正。

编者邮箱：liuguohua@tiangong.edu.cn。

编 者

2022 年 10 月

目　　录

第 1 章　图像基本操作

图像处理是指在计算机上使用算法和代码自动处理、操控、分析和解释图像。图像处理被广泛应用于诸多学科和领域。本章主要介绍利用 Python 中的图像处理库对图像进行处理，并通过大量示例介绍图像处理所需的 Python 图像处理库，如 PIL、Matplotlib、NumPy、SciPy 和 scikit-image。这些图像处理库在本书的其他章节也将被广泛使用。

1.1　软件安装及环境配置

1.1.1　Anaconda 安装

Anaconda 是一个用于科学计算的 Python 发行版本，支持 Linux、MacOS 和 Windows 系统，提供了包管理与环境管理的功能，可以很方便地解决多版本 Python 并存、切换以及各种第三方包安装的问题。Anaconda 的优点主要包括：

(1) 包含 Conda。Conda 是一个环境管理器，其功能依靠 Conda 包来实现，该环境管理器用于在同一个机器上安装不同版本的软件包及其依赖项，能够在不同环境之间切换。

(2) 可安装工具包。Anaconda 安装时会自动安装一个基础的 Python 程序，并包含相应的工具包，该 Python 的版本和 Anaconda 的版本相关。

(3) 可以在不同平台上安装、使用和管理多个不同版本的 Python。Anaconda 可实现新框架建立或者不同版本 Python 的使用。

可从 Anaconda 的官网下载并安装支持 Windows 系统的 Anaconda，具体的安装步骤如下所述。

(1) 进入 Anaconda 官网，选择“Windows”下方 Python 3.8 的 64 位版本，如图 1-1 所示，然后单击 Download 按钮即可下载。

图 1-1　Anaconda 下载选择页面

(2) 下载成功后可进入 Anaconda 的安装界面，单击"Next"按钮，如图 1-2 所示。

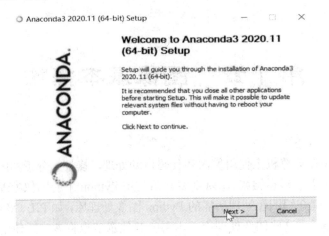

图 1-2　Anaconda 安装步骤 1

(3) 在弹出的对话框中单击"I Agree"按钮，代表同意以上内容，如图 1-3 所示。

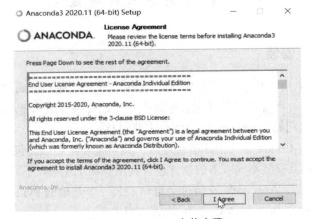

图 1-3　Anaconda 安装步骤 2

(4) 在弹出的对话框中进行默认选择，然后单击"Next"按钮，如图 1-4 所示。

图 1-4　Anaconda 安装步骤 3

(5) 在弹出的对话框中选择安装路径，建议安装在 D 盘，如图 1-5 所示，也可根据个人需要选择其他安装路径，然后单击"Next"按钮。

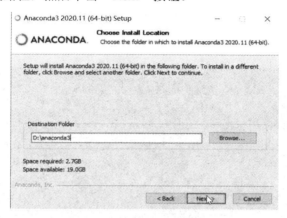

图 1-5　Anaconda 安装步骤 4

(6) 在弹出的对话框中单击"Install"按钮开始安装，如图 1-6 所示。

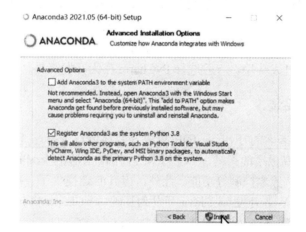

图 1-6　Anaconda 安装步骤 5

(7) 安装完毕后，在弹出的对话框中单击"Finish"按钮即可，如图 1-7 所示。

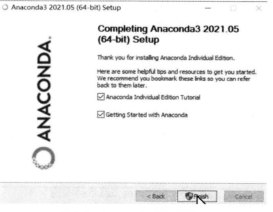

图 1-7　Anaconda 安装步骤 6

　　当 Anaconda 安装后，在终端会话中运行 Python，以检测环境变量是否正确。按下键盘上的 win + R 组合键进入运行框，输入命令"cmd"并单击"确定"，然后在弹出的对话框中输入"python"，出现如图 1-8 所示的界面时，说明环境变量无误，即 Python 已安装成功。

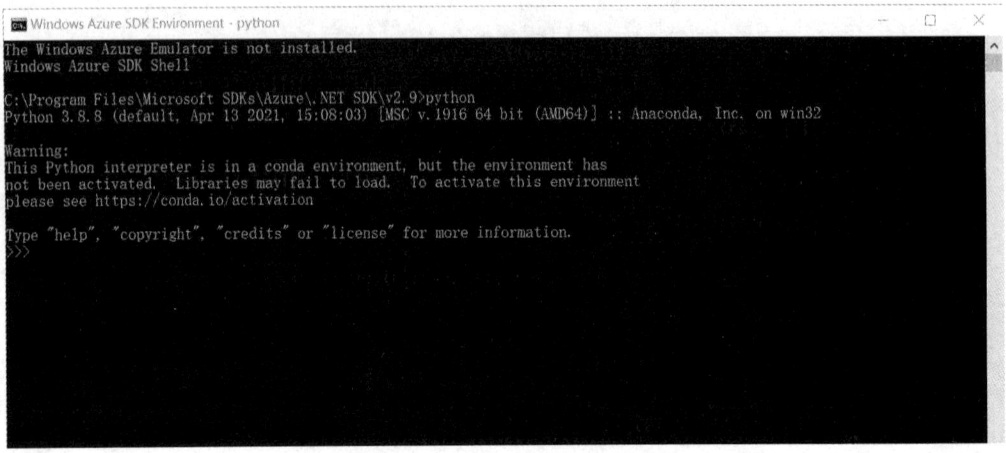

图 1-8　检测 Python 安装

　　安装 Anaconda 后，理论上已经可以进行 Python 编程了，但是为了提高编写程序的效率，还需要安装集成开发环境。一般选择 PyCharm 作为开发工具。

1.1.2　PyCharm 安装

　　PyCharm 是一款著名的 Python IDE(集成开发环境)，是一整套可以帮助用户在使用 Python 语言开发时提高效率的工具，具备基本的调试、语法检查、Project 管理、代码跳转、智能提示、单元测试、版本控制等功能。此外，该 IDE 还提供了一些高级功能，用于支持 Django 框架下的专业 Web 开发。以 Java 开发为基础，PyCharm 和 IntelliJ IDEA 十分相似；以 Android 开发为基础，PyCharm 和 Android Studio 十分相似。

　　可以直接在官网下载 PyCharm 安装包，如图 1-9 所示。

图 1-9　PyCharm 下载选择页面

PyCharm 的安装步骤如下：

(1) 打开安装程序，在弹出的对话框中单击"Next"按钮，如图 1-10 所示。

图 1-10　PyCharm 安装步骤 1

(2) 在弹出的对话框中选择安装路径，然后单击"Next"按钮，如图 1-11 所示。

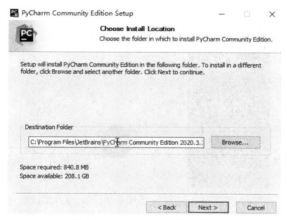

图 1-11　PyCharm 安装步骤 2

(3) 在弹出的对话框中选择安装选项，然后单击"Next"按钮，如图 1-12 所示。

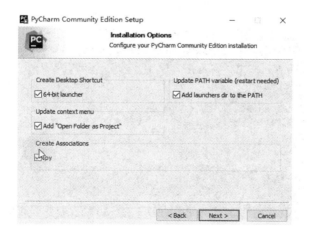

图 1-12　PyCharm 安装步骤 3

(4) 在弹出的对话框中单击"Install"按钮，开始安装，如图 1-13 所示。

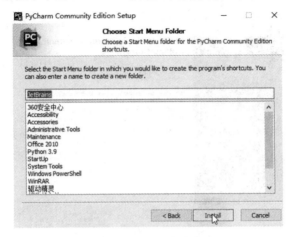

图 1-13　PyCharm 安装步骤 4

(5) 安装完毕后，在弹出的对话框中单击"Finish"按钮，如图 1-14 所示。

图 1-14　PyCharm 安装步骤 5

　　PyCharm 安装完成后，打开 PyCharm，单击"Create Project"按钮，即可创建新的 Python 项目。接着输入项目存放位置及项目名称，单击"Create"按钮，如图 1-15 所示。

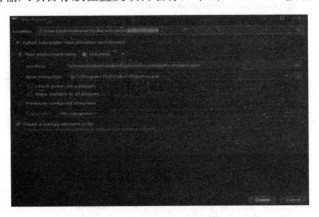

图 1-15　创建 Python 项目

在项目目录上单击鼠标右键，先选择"New"，然后选择"Python File"，即可创建新的 Python 文件，如图 1-16 所示。

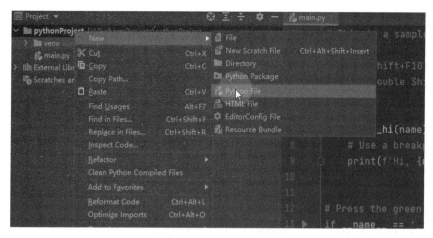

图 1-16　创建 Python 文件

1.1.3　在 Python 中安装图像处理库

除上述软件外，还需要安装后续处理图像所需的图像处理库，主要包括 PIL(或 Pillow)、Matplotlib、NumPy、SciPy、scikit-image 等。

首先，打开 cmd，然后直接输入 pip install 和需安装的第三方库，如图 1-17 所示(以 numpy 为例)。其他图像处理库安装方法与此相同，在此不做赘述。

图 1-17　安装 NumPy 库

这里补充关于 pip 的一些更新、卸载的方法。

(1) pip 自身的升级代码为

```
py -m pip install --upgrade pip
```

(2) pip 安装/卸载/升级代码分别为

```
pip install 包名
pip uninstall 包名
pip install –upgrade 包名
```

(3) pip 查看已安装包的代码为

```
pip list
```

(4) pip 检查需要更新包的代码为

```
pip list –outdated
```

(5) pip 查看包的详细信息的代码为

```
pip show 包名
```

(6) pip 安装指定版本的包的代码为

```
pip install 包名==版本号
```

可通过使用==、>=、<=、>、<来指定版本号，例如：

```
pip install numpy==1.20.3
pip install 'matplotlib>3.4'
pip install 'matplotlib>3.4.0,<3.4.3'
```

1.2　基于 PIL 的图像处理

下面介绍图像的基本操作，本章中处理图像时所用的原图均为"panda.jpg"，如图 1-18 所示。

图 1-18　panda.jpg

1.2.1　读取及保存图像

PIL(Python Imaging Library，图像处理类库)提供了通用的图像处理功能以及大量有用的图像基本操作，例如图像缩放、裁剪、旋转、颜色转换等。利用 PIL 中的函数，可以从大多数图像格式的文件中读取图像，然后写入最常见的图像格式文件中。PIL 中最重要的模块为 Image。要读取一幅图像，可以使用如下代码：

```
#模块导入
from PIL import Image
#读取图像
im = Image.open('panda.jpg')
```

上述代码的返回值"im"是一个 PIL 图像对象。

显示图像可以使用如下代码：

```
#显示图像
im.show()
```

程序运行结果如图 1-19 所示。

图 1-19　显示图像

图像作为 PIL.JpegImagePlugin.JpegImageFile 类的对象进行加载，可以用宽度、高度和模式等属性来查找图像，如宽度(像素)×高度(像素)或分辨率，以及图像的模式，具体代码如下：

```
#获得图像信息
print(im.width, im.height, im.mode, im.format, type(im))
```

运行结果为

```
28 555 RGB JPEG <class 'PIL.JpegImagePlugin.JpegImageFile'>
```

图像的颜色转换可以使用 convert()函数来实现。要读取一幅图像，并将其转换成灰度图像，只需要加上 convert('L')，代码如下：

```
#读取图像并转换为灰度图像
im = Image.open('panda.jpg').convert('L')
im.show()
```

程序运行结果如图 1-20 所示。

图 1-20 读取图像并转换为灰度图像

在上述读取图像并转换为灰度图像中代码中，添加如下代码即可将生成的灰度图像保存至 photos 文件夹下并命名为 panda_gray：

```
#保存图像
im.save('photos/panda_gray.jpg')
```

1.2.2 图像区域的裁剪和粘贴

使用 crop()函数可以从一幅图像中裁剪指定区域，具体代码为

```
from PIL import Image
im = Image.open('panda.jpg').convert('L')
#指定裁剪的区域
box = (100,100,400,400)
#裁剪指定区域
region = im.crop(box)
#显示图像
region.show()
```

程序运行结果如图 1-21 所示。

图 1-21 裁剪指定区域

指定区域由四元组指定，四元组的坐标依次是(左，上，右，下)。PIL 中指定坐标系的左上角坐标为(0，0)。还可以旋转上面代码中获取的区域，然后使用 paste()语句将该区

域放回原图中，具体代码如下：

```
#旋转区域
region = region.transpose(Image.ROTATE_180)
#粘贴区域
new_im = im.paste(region,box)
im.show(new_im)
```

程序运行结果如图 1-22 所示。

图 1-22　图像区域的旋转和粘贴

1.2.3　调整图像尺寸和旋转图像

调整一幅图像的尺寸可以调用 resize()函数。该函数的参数是一个元组，用来指定新图像的大小，具体代码如下：

```
from PIL import Image
im = Image.open('panda.jpg')
#调整图像的尺寸并显示图像
out = im.resize((128,128)).show()
```

程序运行结果如图 1-23 所示。

图 1-23　调整图像尺寸

旋转一幅图像可以使用逆时针方式表示旋转角度，然后调用 rotate()函数，具体代码为

```
from PIL import Image
im = Image.open('panda.jpg')
#旋转并显示图像
```

```
out = im.rotate(45).show()
```

程序运行结果如图 1-24 所示。

图 1-24　旋转图像

1.2.4　其他图像处理操作

除上述图像处理的主要操作外，图像处理还包括图像负片、几何变换、更改像素值、绘制图形、添加文本等操作。

1. 图像负片

图像负片的原理是将原图像中每个像素的颜色值取反，即将颜色值的最大值(255)减去原来的颜色值，得到新的颜色值。图像负片可以由 point() 函数实现，具体代码如下：

```
from PIL import Image
im = Image.open('panda.jpg')
#图像负片变换
im_t = im.point(lambda x: 255 - x)
im_t.show()
```

程序运行结果如图 1-25 所示。

图 1-25　图像负片

2. 几何变换

图像的几何变换可通过将适当的矩阵(通常用齐次坐标表示)与图像矩阵相乘来完成，

这些变换会改变图像的几何方向，具体如下：

(1) 镜像图像。使用 transpose()函数可得到在水平或垂直方向上的镜像图像，代码如下：

```
from PIL import Image
im = Image.open('panda.jpg')
#图像镜像变换
im.transpose(Image.FLIP_LEFT_RIGHT).show()
```

程序运行结果如图 1-26 所示。

图 1-26　镜像图像

(2) 仿射变换。二维仿射变换矩阵可以应用于图像的每个像素(在齐次坐标中)，以进行仿射变换，这种变换通常通过反向映射(扭曲)来实现。

如下代码所示的是使用 transform()函数进行仿射变换的例子。transform()函数中的数据参数是一个六元组(a, b, c, d, e, f)，对于输出图像中的每个像素(x, y)，新值取自输入图像中的位置$(ax + by + c, dx + ey + f)$，使用最接近的像素进行近似操作。transform()函数可用于缩放、平移、旋转和剪切原始图像。

```
from PIL import Image
im = Image.open('panda.jpg')
#图像仿射变换
im.transform((int(1.4*im.width), im.height),Image.AFFINE,data=(1,-0.5,0,0,1,0)).show()
```

程序运行结果如图 1-27 所示。

图 1-27　图像的仿射变换

3. 更改像素值

可以使用 putpixel() 函数更改图像中的像素值。例如从图像中随机选择几个像素值，然后将这些像素值的一半设置为黑色，另一半设置为白色，为图像添加椒盐噪声 (Salt-And-Pepper Noise)。添加椒盐噪声的代码具体如下：

```
#模块导入
import numpy as np
from PIL import Image
im = Image.open('panda.jpg')
#设置选择像素点的数量
n = 5000
#随机选择 5000 个像素点
x, y = np.random.randint(0, im.width, n), np.random.randint(0, im.height,n)
for (x,y) in zip(x,y):
    #添加椒盐噪声
    im.putpixel((x, y), ((0,0,0)
    if np.random.rand() < 0.5
    else (255,255,255)))
im.show()
```

程序运行结果如图 1-28 所示。

图 1-28　添加椒盐噪声

4. 绘制图形

可以用 PIL.ImageDraw 模块中的函数在图像上绘制线条或其他几何图形，例如 ellipse() 函数可用于绘制椭圆，代码如下：

```
from PIL import Image,ImageDraw
im = Image.open('panda.jpg')
draw = ImageDraw.Draw(im)
```

```
#绘制图形
draw.ellipse((125,125,200,250), fill=(255,255,255,128))
im.show()
```

程序运行结果如图 1-29 所示。

图 1-29　绘制图形

5. 添加文本

可以使用 PIL.ImageDraw 模块中的 text()函数在图像上添加文本，代码如下：

```
from PIL import Image,ImageDraw,ImageFont
im = Image.open('panda.jpg')
draw = ImageDraw.Draw(im)
#设置字体
font = ImageFont.truetype('arial.ttf', 48)
#添加文本
draw.text((10,5),'Welcome to image processing with python',font=font)
im.show()
```

程序运行结果如图 1-30 所示。

图 1-30　添加文本

1.3　基于 Matplotlib 的图像处理

1.3.1　绘制点和线

在处理数学运算、绘制图表，或者在图像上绘制点、直线和曲线时，可调用 Matplotlib 类库，它具有比 PIL 更强大的绘图功能。Matplotlib 中的 PyLab 接口包含多种方便用户创建图像的函数。下面以采用几个点和一条线绘制图像为例来进行介绍，具体代码如下：

```python
from PIL import Image
from pylab import *
#读取图像到数组中
im = array(Image.open('panda.jpg'))
#绘制图像
imshow(im)
#取若干点
x = [100,100,400,400]
y = [200,500,200,500]
#绘制红色星状标记点
plot(x,y, 'r*')
#绘制连接前两个点的线
plot(x[:2],y[:2])
#添加标题，显示绘制的图像
title('Plotting: "panda.jpg"')
show()
```

程序运行结果如图 1-31 所示。

图 1-31　绘制点和线

上面代码的具体操作为：首先绘制原始图像，然后在 x 和 y 列表中给定点的 x 坐标和 y 坐标上绘制红色星状标记点，最后在两个列表表示的前两个点之间绘制一条线段(默认为

蓝色)。show()命令首先打开图形用户界面(GUI)，然后新建一个图像窗口。图形用户界面会循环阻断脚本，然后暂停，直到最后一个图像窗口关闭。在每个脚本里，只能调用一次show()命令，而且通常是在脚本的结尾调用。注意，在 PyLab 库中通常约定图像的左上角为坐标原点。

虽然图像的坐标轴是一个很有用的调试工具，但是如果想绘制较美观的图像，不显示坐标轴，则可使用下列命令实现：

```
axis('off')
```

1.3.2　绘制图像轮廓和直方图

1. 绘制图像轮廓

绘制图像轮廓(或者其他二维函数的等轮廓线)是常用的操作。因为绘制图像轮廓需要对每个坐标(x, y)的像素值施加同一个阈值，所以需要先将图像灰度化。绘制图像轮廓的代码如下：

```
from PIL import Image
from pylab import *
#读取图像到数组中
im = array(Image.open('panda.jpg').convert('L'))
#新建一个图像
figure()
#不使用颜色信息
gray()
#在原点的左上角显示轮廓图像
contour(im, origin='image')
axis('equal')
axis('off')
show()
```

程序运行结果如图 1-32 所示。

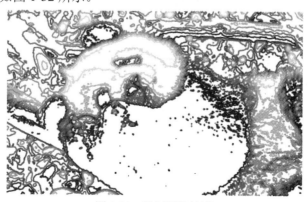

图 1-32　绘制图像轮廓

2. 绘制图像直方图

图像的直方图主要用于表征该图像像素值的分布情况。(灰度)图像的直方图可以使用 hist()函数绘制，代码如下：

```
from PIL import Image
from pylab import *
#读取图像到数组中
im = array(Image.open('panda.jpg').convert('L'))
figure()
#绘制图像的直方图
hist(im.flatten(),128)
show()
```

程序运行结果如图 1-33 所示。

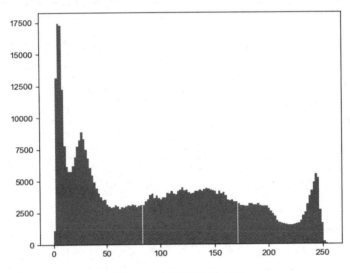

图 1-33　绘制图像直方图

hist()函数的第二个参数用于指定小区间的数目。需要注意的是，因为 hist()只接受一维数组作为输入，所以在绘制图像直方图前，必须先对图像进行压平处理。flatten()函数可将任意数组按照"行优先"准则转换成一维数组。

彩色图像的直方图可使用 histogram()函数绘制。histogram()函数用于计算每个通道像素值的直方图(像素值与频率表)，并返回相关联的输出(例如，对于 RGB 图像，输出包含 $3 \times 256 = 768$ 个值)，代码如下：

```
from PIL import Image
from matplotlib import pyplot as plt
im = Image.open('panda.jpg')
#计算每个通道像素值的直方图
pl = im.histogram()
```

```
#绘制每个通道像素值的直方图
plt.bar(range(256), pl[:256], color='r', alpha=0.5)
plt.bar(range(256), pl[256:2*256], color='g', alpha=0.4)
plt.bar(range(256), pl[2*256:], color='b', alpha=0.3)
plt.show()
```

程序运行结果如图 1-34 所示。

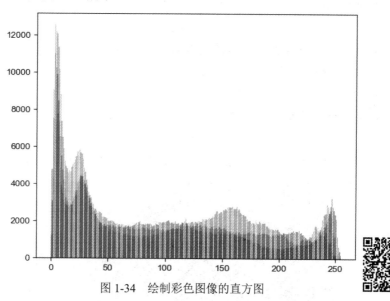

图 1-34   绘制彩色图像的直方图

1.3.3   分离与合并图像的通道

分离图像的通道可用 split()函数来实现。如下代码可对 RGB 图像实现 RGB 通道的分离：

```
from PIL import Image
from matplotlib import pyplot as plt
im = Image.open('panda.jpg')
#分离图像的 RGB 通道
ch_r, ch_g, ch_b = im.split()
#分别绘制 RGB 通道图像
plt.figure(figsize=(18,6))
plt.subplot(1,3,1);plt.imshow(ch_r, cmap=plt.cm.Reds); plt.axis('off')
plt.subplot(1,3,2); plt.imshow(ch_g, cmap=plt.cm.Greens); plt.axis('off')
plt.subplot(1,3,3); plt.imshow(ch_b, cmap=plt.cm.Blues); plt.axis('off')
plt.tight_layout()
plt.show()
```

程序运行结果如图 1-35 所示。

(a) R 通道图像　　　　　　(b) G 通道图像　　　　　　(c) B 通道图像

图 1-35　分离图像的 RGB 通道

合并图像的多个通道可使用 merge()函数来实现，例如合并图 1-35 中的
3 幅图像，并将红蓝通道交换，代码如下：

```
#合并多通道图像
im = Image.merge('RGB', (ch_b, ch_g, ch_r))
im.show()
```

程序运行结果如图 1-36 所示，显示的图像为合并 B、G 和 R 通道而创建的输出图像。

图 1-36　通过合并通道创建的图像

1.4　基于 NumPy 的图像处理

NumPy 是非常有名的 Python 科学计算工具包，它可以创建多维数组和派生对象，也可以对数据进行多种操作，包括基础运算、形状变换、排序、切片、傅里叶变换、基本线性代数操作、基本统计操作、随机数模拟等。下面介绍使用 NumPy 中的函数进行图像的数组化和灰度变换。

1.4.1　图像的数组化

在前文的例子中，输入图像时，就已涉及图像的数组化，即通过调用 array()函数将图像转换成 NumPy 的数组对象。NumPy 中的数组对象是多维的，可以用来表示向量、矩阵和图像。一个数组对象类似于一个列表(或者是列表的列表)，但是数组中所有的元素必须具有相同的数据类型。除非创建数组对象时指定数据类型，否则程序会按照数据的类型自动确定。

以图像数据为例，代码如下：

```
from PIL import Image
from numpy import array
#读取图像到数组中
im = array(Image.open('panda.jpg'))
print(im.shape,im.dtype)
im = array(Image.open('panda.jpg').convert('L'),'f')
print(im.shape,im.dtype)
```

程序运行结果为

```
(555,928,3) uint8
(555,928) float32
```

上述运行结果中，每行的第一个元组表示图像数组的行、列、颜色通道，紧接着的字符串表示数组元素的数据类型。因为图像通常被编码成无符号八位整数(uint8)，所以对于上述程序的第一种情况，图像输入后转换到数组中，数组的数据类型为"uint8"。在第二种情况下，对图像进行灰度化处理，并且在创建数组时使用额外的参数"f"，该参数将数据类型转换为浮点型。由于灰度图像没有颜色信息，所以在形状元组中，它只有两个数值。

数组中的元素可以使用下标访问。位于坐标 i、j 以及颜色通道 k 的像素值可以参考下述代码访问：

```
value = im[i,j,k]
```

多个数组元素可以使用数组切片方式访问。切片方式返回的是以指定间隔下标访问该数组的元素值。

灰度图像的 7 个相关示例如下：

- im[i,:] = im[j,:]   #将第 j 行的数值赋给第 i 行
- im[:,i] = 100   #将第 i 列的所有数值设为 100
- im[:100,:50].sum()   #计算前 100 行、前 50 列所有数值的和
- im[50:100,50:100]   #50~100 行，50~100 列(不包括第 100 行和第 100 列)
- im[i].mean()   #第 i 行所有数值的平均值
- im[:,-1]   #最后一列
- im[-2,:] (or im[-2])   #倒数第 2 行

1.4.2 图像的灰度变换

将图像读入 NumPy 数组对象后，可以对它们执行任意数学操作。图像的灰度变换是较为简单的操作，代码如下：

```
from PIL import Image
```

```
from pylab import *
from numpy import *
im = array(Image.open('panda.jpg').convert('L'),'f')
#对图像进行反相处理，结果为图(a)
im1 = 255 - im
figure()
imshow(im1，cmap=plt.get_cmap('gray'))
#将图像的像素值变换到 100~200，结果为图(b)
im2 = (100.0/255)*im +100
figure()
imshow(im2，cmap=plt.get_cmap('gray'))
#对图像的像素值求平方，结果为图(c)
im3 = 255.0*(im/255.0)**2
figure()
imshow(im3，cmap=plt.get_cmap('gray'))
show()
```

程序运行结果如图 1-37 所示。其中，图(a)为对图像进行反相处理；图(b)为将图像的像素值变换到 100~200 范围；图(c)为对图像的像素值求平方，使较暗图像的像素值变得更小。

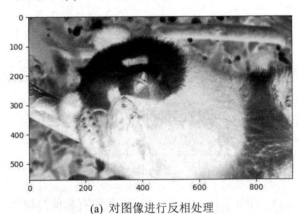

(a) 对图像进行反相处理

(b) 将图像的像素值变换到 100~200 范围

(c) 对图像的像素值求平方

图 1-37 图像的灰度变换

1.5 基于 SciPy 的图像处理

SciPy 是建立在 NumPy 基础上，用于数值运算的开源工具包，可以进行插值、积分、优化、图像处理、信号处理等操作。下面介绍使用 SciPy 中的函数进行图像模糊和计算图像导数。

1.5.1 图像模糊

将(灰度)图像和一个高斯核进行卷积操作可实现图像模糊，SciPy 包含可用于滤波操作的 gaussian_filter 模块，该模块采用快速一维分离的方式来计算卷积，代码如下：

```python
import matplotlib.pyplot as plt
from PIL import Image
from numpy import *
from scipy.ndimage import gaussian_filter
im = array(Image.open('panda.jpg').convert('L'))
#高斯模糊
im2 = gaussian_filter(im,5)
plt.imshow(im2 ,cmap=plt.get_cmap('gray'))
plt.show()
```

程序运行结果如图 1-38 所示。

图 1-38 对图像进行高斯模糊

guassian_filter()函数的最后一个参数表示标准差 σ。随着 σ 的增加，一幅图像被模糊的程度越大，处理后的图像细节丢失越多。$\sigma = 2$ 和 $\sigma = 10$ 的模糊效果如图 1-39(a)、(b)所示。

(a) $\sigma = 2$ 的模糊效果

(b) $\sigma = 10$ 的模糊效果

图 1-39　不同 σ 值的模糊效果

如果想要模糊一幅彩色图像，只需简单地对每一个颜色通道进行高斯模糊即可，具体代码如下：

```
import matplotlib.pyplot as plt
from PIL import Image
from numpy import *
from scipy.ndimage import gaussian_filter
im = array(Image.open('panda.jpg'))
#返回给定形状和类型的新数组，用零填充
im2 = zeros(im.shape)
#对每个颜色通道进行高斯模糊
for i in range(3) :
    im2[:,:,i] = gaussian_filter(im[:,:,i],5)
im2 = uint8(im2)
plt.imshow(im2)
plt.show()
```

程序运行结果如图 1-40 所示。

图 1-40　对彩色图像进行高斯模糊

1.5.2　图像导数

图像强度的变化情况是非常重要的信息。强度的变化可以用灰度图像(彩色图像则通常对每个通道分别计算导数)的 x 和 y 方向导数进行描述。梯度有两个重要的属性，一是梯度的大小，描述了图像强度变化的强弱；另一个是梯度的角度，描述了图像的每个点(像素)上强度变化最大的方向。

导数滤波器可以使用 scipy.ndimage 中的 Sobel 模块的标准卷积操作来简单实现，例如：

```
import matplotlib.pyplot as plt
from PIL import Image
from numpy import *
from scipy.ndimage import sobel
im = array(Image.open('panda.jpg').convert('L'))
#Sobel 导数滤波器
imx = zeros(im.shape)
#计算 x 方向导数
sobel(im,1,imx)
imy = zeros(im.shape)
#计算 y 方向导数
sobel(im,0,imy)
#计算梯度
magnitude = sqrt(imx**2+imy**2)
plt.imshow(imx ,cmap=plt.get_cmap('gray'))
plt.show()
```

上面的代码使用 Sobel 导数滤波器来计算 x 和 y 的方向导数以及梯度大小。sobel()函数的第二个参数表示选择 x 或者 y 方向导数，第三个参数表示保存输出的变量。将上述代码 plt.imshow(imx ,cmap=plt.get_cmap('gray'))中的第一个参数分别修改为 imx、imy、 magnitude，运行程序可分别得到 x 方向导数图像、y 方向导数图像以及梯度大小图像，如图 1-41(a)、(b)、(c)所示。

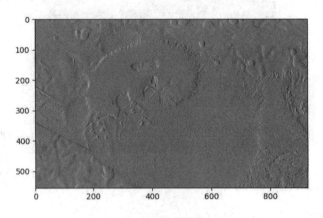

(a) x 方向导数图像

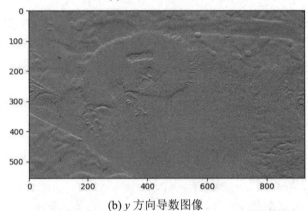

(b) y 方向导数图像

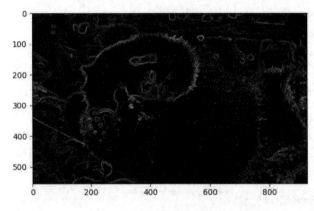

(c) 梯度大小图像

图 1-41　Sobel 导数滤波器计算导数

上述计算图像导数的方法有一些缺陷，即 Sobel 导数滤波器的尺度需要随着图像分辨率的变化而变化。为了使图像噪声稳定，且在任意尺度上计算导数，可以使用高斯导数滤波器，代码如下：

```
import matplotlib.pyplot as plt
from PIL import Image
from numpy import *
from scipy.ndimage import gaussian_filter
im = array(Image.open('panda.jpg').convert('L'))
#标准差
sigma = 5
#Gaussian 导数滤波器
imx = zeros(im.shape)
#计算 x 方向导数
gaussian_filter(im, (sigma,sigma), (0,1), imx)
imy = zeros(im.shape)
#计算 y 方向导数
gaussian_filter(im, (sigma,sigma), (1,0), imy)
plt.imshow(imx,cmap=plt.get_cmap('gray'))
plt.show()
```

　　上面的代码使用 Gaussian 导数滤波器来计算 x 和 y 的方向导数。gaussian_filter 的第二个参数为使用的标准差，第三个参数指定计算的导数类型。将上述代码 plt.imshow(imx ,cmap= plt.get_cmap('gray'))中的第一个参数分别修改为 imx、imy，运行程序分别得到如图 1-42(a)、(b)所示的结果。

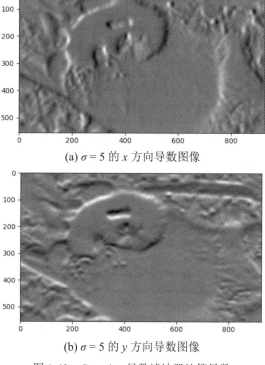

(a) $\sigma = 5$ 的 x 方向导数图像

(b) $\sigma = 5$ 的 y 方向导数图像

图 1-42　Gaussian 导数滤波器计算导数

$\sigma = 2$ 和 $\sigma = 10$ 的 x、y 方向导数图像如图 1-43 所示。

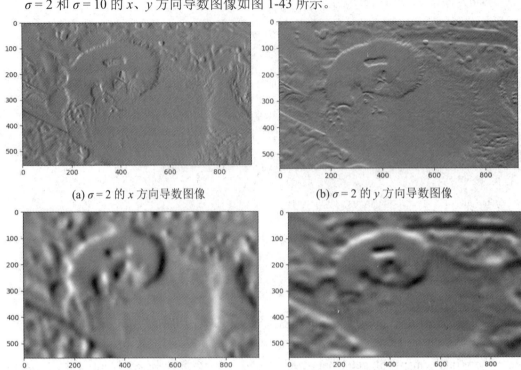

(a) $\sigma = 2$ 的 x 方向导数图像　　　　　　(b) $\sigma = 2$ 的 y 方向导数图像

(c) $\sigma = 10$ 的 x 方向导数图像　　　　　　(d) $\sigma = 10$ 的 y 方向导数图像

图 1-43　不同 σ 值的 x、y 方向导数图像

1.6　基于 scikit-image 的图像处理

scikit-image 是一种开源的用于图像处理的 Python 包。它包括分割、几何变换、色彩操作、分析、过滤等算法。下面介绍使用 scikit-image 中的函数进行图像的旋流变换和添噪。

1.6.1　图像的旋流变换

旋流变换(Swirl Transform)是 scikit-image 文档中定义的非线性变换。如下代码展示了如何使用 swirl()函数来实现变换,其中 strength 是函数的旋流量参数,radius 以像素表示旋流程度,rotation 用来添加旋转角度。具体代码如下:

```
from matplotlib.pyplot import imread
from skimage.transform import swirl
from matplotlib import pyplot as plt
#读取图像
im = imread('panda.jpg')
#旋流变换
```

```
swirled = swirl(im, rotation=0, strength=15, radius=200)
plt.imshow(swirled)
plt.axis('off')
plt.show()
```

程序运行结果如图 1-44 所示。

图 1-44　图像的旋流变换

1.6.2　图像的添噪

使用 random_noise()函数可向图像添加不同类型的噪声。如下代码展示了如何将具有不同方差的高斯噪声添加到图像中：

```
from skimage.util import random_noise
from matplotlib.pyplot import imread
from matplotlib import pyplot as plt
from skimage import img_as_float
#读取图像并转换为浮点格式
im = img_as_float(imread('panda.jpg'))
plt.figure(figsize=(15,12))
#标准差
sigmas = [0.1,0.25,0.5,1]
#向图像中添加不同的方差
for i in range(4) :
    noisy = random_noise(im, var=sigmas[i]**2)
    plt.subplot(2,2,i+1)
    plt.imshow(noisy)
    plt.axis('off')
    plt.title('Gaussian noise with sigma=' + str(sigmas[i]), size=20)
plt.tight_layout()
plt.show()
```

运行上述代码，输出如图 1-45 所示的添加不同标准差的高斯噪声的图像，从图中可以看出，高斯噪声的标准差越大，输出图像的噪声就越大。

(a) $\sigma = 0.1$

(b) $\sigma = 0.25$

(c) $\sigma = 0.5$

(d) $\sigma = 1$

图 1-45　添加不同高斯噪声后的输出图像

本 章 小 结

本章主要介绍的内容包括：Anaconda、PyCharm 及图像处理库的安装；利用 PIL 进行图像的读取、保存、区域的裁剪和粘贴、图像尺寸调整、图像旋转以及其他常用的图像处理操作；利用 Matplotlib 在图像中绘制点和线、绘制图像轮廓和直方图、分离与合并图像的通道；利用 NumPy 实现图像的数组化和灰度变换；利用 SciPy 进行图像模糊和计算图像导数；利用 scikit-image 实现图像的旋流变换和添噪。

习 题

1. 使用 Python 读取一张图像并裁剪感兴趣的区域，然后将原图进行镜像处理，旋转之前获取的区域，再使用 paste() 函数将该区域置于镜像图片上。

2. 读取一张图像，用 split() 函数分离多通道图像的通道，再使用 merge() 函数合并多通道图像的通道，并交换蓝绿通道。

3. 读取一张图像，然后对其进行以下处理：对灰度图像进行反相处理，将图像的像素值变换到 100～200 范围，对图像的像素值求平方。

4. 读取一张图像，使用 gaussian_filter 模块对其进行 σ 分别为 2、5、10 的处理。

5. 读取一张图像，使用 swirl() 函数进行旋转角度为 90 度、旋流量参数为 15、旋流程度为 500 的旋流变换。

第2章　图　像　增　强

图像增强是图像处理的基本操作之一，目的是提高图像的质量或使特定的特征更加明显。针对不同的应用场合，图像增强可有目的地强调图像的整体或局部特性，即可将原来不清晰的图像变得清晰，或者强调某些感兴趣的特征，扩大图像中不同特征之间的差别，还可用于抑制无关的特征，改善图像质量，丰富信息量，加强图像判读和识别效果，以满足某些特殊分析的需要。图像增强包含对比度拉伸、平滑和锐化等。本章将介绍图像增强的概念和分类，以及基于 Python 函数、PIL 和 scikit-image 实现图像增强的方法。

2.1　图像增强的概念和分类

在获取图像的过程中，多种因素的影响会使图像质量退化，甚至会淹没图像的特征，给图像分析带来困难。图像增强就是指通过某种图像处理方法对退化的某些图像特征，如边缘、轮廓、对比度等进行处理，以改善图像的视觉效果，提高图像的清晰度，或是突出图像中某些"有用"信息，压缩其他"无用"信息，将图像转化为更适合人或计算机分析处理的形式。也就是说，图像增强是通过一定的处理手段有选择地突出图像中特定的特征或者抑制图像中某些无关的特征，以得到对具体应用来说视觉效果更"好"或更"有用"的图像的技术。在图像增强过程中，不需要分析图像降质的原因，处理后的图像也不一定需要逼近原图像。图像增强的结果往往具有针对性，很难量化描述，一般靠人的主观感觉加以评价，因此没有通用的量化理论，图像增强的方法也是根据具体的应用进行选择的。

按照所处理对象的不同，图像增强可以分为灰度图像增强和彩色图像增强。灰度图像增强方法根据增强处理时所处的空间不同，基本可以分为两类：空间域法和频域法。空间域可以简单地理解为包含图像像素的空间，空间域法是指在空间域中，直接对图像进行各种线性或非线性运算，对图像的像素灰度值进行增强处理。空间域法又分为点运算和模板处理两大类。点运算是作用于单个像素的空间域处理方法，包括灰度变换、直方图修正、局部统计，其中直方图修正包括直方图均衡化和直方图规定化；模板处理是作用于像素邻域的处理方法，包括图像平滑、图像锐化等。频域法则是在图像的变换域中把图像看成一种二维信号，对其进行基于二维傅里叶变换的信号增强，常用的包括高通滤波、低通滤波以及同态滤波等方法。彩色图像增强包括伪彩色增强、假彩色增强和真彩色增强。图 2-1 概括了图像增强的分类及常用方法。

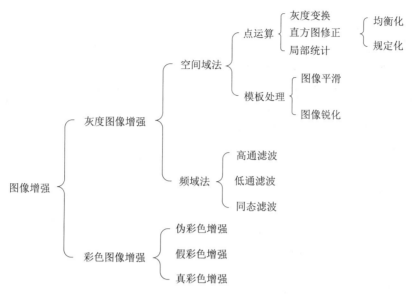

图 2-1　图像增强的分类及常用方法

图像增强的效果不仅与具体的增强算法有关，还与待增强图像的数据特性有关，故某种对一类特定图像增强效果较好的算法不一定适用于其他图像的增强。一般情况下，为了得到比较满意的增强效果，常常需要同时对几种增强算法进行大量的实验，从中选出视觉效果较好、计算量较少同时满足要求的算法作为最优增强算法。

2.2　强 度 变 换

强度变换是对输入图像的每个像素 $f(x，y)$ 应用传递函数 T，使输出图像中生成相应的像素。变换可以表示为 $g(x，y) = T[f(x，y)]$ 或等同于 $s = T(r)$，其中 r 为输入图像中像素的灰度级，s 为输出图像中相同像素的灰度级变换。强度变换是一个无内存操作，在 $(x，y)$ 处的输出强度只取决于同一点的输入强度。相同强度的像素得到相同的变换，不会引入新的信息，也不会导致信息的丢失，但可以改善图像的视觉效果或者使其特征更容易检测。所以这些变换通常作为图像处理流程中的预处理步骤。

一些常见的强度变换包括二值化、对比度拉伸、对数变换、幂律变换和图像负片。在第 1 章中，已经讨论了图像负片，本节将讨论剩下的内容。

这里先定义两个函数，分别是绘制图像函数和绘制直方图函数，这两个函数在本章中将被广泛使用，具体代码如下：

```
def plot_image(image, title=''):
    #定义绘制图像函数
    pylab.title(title, size=20), pylab.imshow(image,cmap='gray')
    pylab.axis('off')
```

```
def plot_hist(r, g, b, title="):
    #定义绘制直方图函数
    r, g, b = img_as_ubyte(r), img_as_ubyte(g), img_as_ubyte(b)
    pylab.hist(np.array(r).ravel(), bins=256, range=(0, 256), color='r',alpha=0.5)
    pylab.hist(np.array(g).ravel(), bins=256, range=(0, 256), color='g',alpha=0.5)
    pylab.hist(np.array(b).ravel(), bins=256, range=(0, 256), color='b',alpha=0.5)
    pylab.xlabel('pixel value', size=20), pylab.ylabel('frequency',size=20)
    pylab.title(title, size=20)
```

2.2.1　图像的二值化

图像的二值化是一种点操作，通过将阈值以下的所有像素变为 0，将阈值以上的所有像素变为 1，从而将灰度级图像转换为二值图像。

1. 固定阈值的二值化

通常使用 PIL 的 point()函数以固定阈值进行二值化处理，代码如下：

```
import numpy as np
from PIL import Image
from matplotlib import pylab
im = Image.open('panda.jpg').convert('L')
#绘制直方图
pylab.hist(np.array(im).ravel(), bins=256, range=(0, 256), color='g')
#添加标签
pylab.xlabel('Pixel values'), pylab.ylabel('Frequency'),pylab.title('Histogram of pixel values')
pylab.show()
pylab.figure(figsize=(12,18))
pylab.gray()
pylab.subplot(221), plot_image(im, 'original image'), pylab.axis('off')
th = [0, 50, 100, 150, 200]
for i in range(2, 5):
#二值化处理
    im1 = im.point(lambda x: x > th[i])
    pylab.subplot(2,2,i), plot_image(im1, 'binary image with threshold=' +str(th[i]))
pylab.show()
```

运行代码后输入图像中像素值的分布情况如图 2-2 所示，不同灰度阈值的二值图像如图 2-3(a)、(b)、(c)、(d)所示。灰度阈值设置不合理会造成二值图像的阴影处理不当，导致生成人工痕迹显著的伪轮廓。

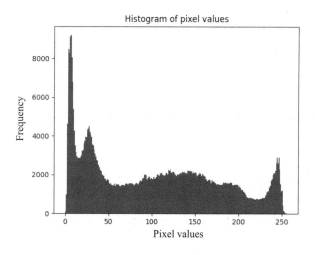

图 2-2　输入图像中像素值的分布情况

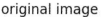

（a）原始图像　　　　　　　　　　　　　　　（b）阈值为 100 的二值图像

（c）阈值为 150 的二值图像　　　　　　　　　　（d）阈值为 200 的二值图像

图 2-3　原始图像及不同灰度阈值的二值图像

2. 半色调二值化

在图像的二值化中，一种减少伪轮廓的方法是在量化前向输入图像加入均匀分布的白噪声。具体的做法是，对于灰度图像的每个输入像素 $f(x, y)$，添加一个独立的均匀分布于[-128,128]的随机数，然后进行二值化处理。这种技术称为半色调二值化，相关代码如下：

```
import numpy as np
from PIL import Image
from matplotlib import pylab
```

```
im = Image.open('panda.jpg').convert('L')
#加入均匀分布的白噪声
im = Image.fromarray(np.clip(im + np.random.randint(-128, 128, (im.height,im.width)), 0, 255). astype
(np.uint8))
pylab.figure(figsize=(12,18))
pylab.subplot(221), plot_image(im, 'original image (with noise)')
th = [0, 50, 100, 150, 200]
for i in range(2, 5):
#二值化处理
    im1 = im.point(lambda x: x > th[i])
    pylab.subplot(2,2,i), plot_image(im1, 'binary image with threshold=' +str(th[i]))
pylab.show()
```

　　程序运行结果如图 2-4(a)、(b)、(c)、(d)所示，由图可以看到，虽然生成的二值图像仍有一定的噪声，但是伪轮廓已经大大减少。

(a) 带有噪声的原始图像

(b) 阈值为 100 的二值图像

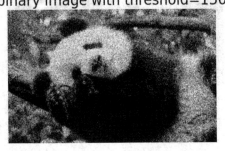

(c) 阈值为 150 的二值图像

(d) 阈值为 200 的二值图像

图 2-4　半色调二值化处理

2.2.2　图像的对比度拉伸

　　图像的对比度拉伸操作是以低对比度图像作为输入，将强度值的较窄范围拉伸到所需的较宽范围，从而增强图像的对比度，并输出高对比度的图像。该操作只是应用一个图像像素值的线性缩放函数，因此图像增强不会那么剧烈。对比度拉伸的点变换函数如图 2-5

所示。

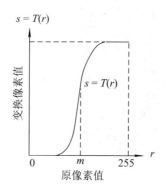

图 2-5　对比度拉伸的点变换函数

由图 2-5 可知，在拉伸实施前，必须指定上下像素值的极限值(图像将在此范围内进行归一化)。例如，对于灰度图像，为了使输出图像的像素值遍及 0～255 范围，通常将极限值设置为 0 和 255。对比度拉伸变换需要从原始图像的累积分布函数(CDF)中找到一个合适的像素值 m。通过将原始图像灰度级低于 m 值的像素变暗(向下限拉伸值)，并将灰度级高于 m 值的像素变亮(向上限拉伸值)，从而产生更高的对比度。接下来将介绍如何使用 PIL库实现对比度拉伸。

1. 使用 PIL 作为点操作

首先加载一幅 RGB 图像，将其划分成不同的颜色通道，并可视化不同颜色通道像素值的直方图。实现代码如下所示：

```
import pylab
from PIL import Image
import numpy as np
from skimage import img_as_ubyte
im = Image.open('leopard.jpg')
#拆分通道
im_r, im_g, im_b = im.split()
#显示
pylab.style.use('ggplot')
pylab.figure(figsize=(15,5))
pylab.subplot(121)
plot_image(im)
pylab.subplot(122)
plot_hist(im_r, im_g, im_b)
pylab.show()
```

程序运行结果如图 2-6(a)、(b)所示。由图可以看到，输入的猎豹图像属于低对比度图像，因为颜色通道直方图集中在一定的范围内，如图(b)所示，而不是分布在整个 0～255的范围内。

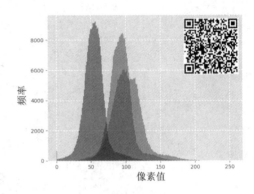

(a) 猎豹原图像　　　　　　　　　　(b) 猎豹原图像的 RGB 颜色通道直方图

图 2-6　猎豹原图像及 RGB 颜色通道直方图

对比度拉伸操作可以拉伸过度集中的像素，如图 2-7 所示，变换函数可以看作一个分段线性函数。点$(r_1，s_1)$和点$(r_2，s_2)$的位置用于控制变换函数的形状，若 $r_1 = s_1$ 且 $r_2 = s_2$，则变换函数将变换为线性函数。

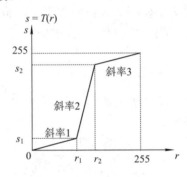

图 2-7　对比度拉伸的变换函数

PIL 的 point()函数可用于实现对比度拉伸，变换函数由 contrast()函数定义为分段线性函数。具体实现代码如下：

```python
import pylab
from skimage import img_as_ubyte
from PIL import Image
import numpy as np
#定义分段线性函数
def contrast(c):
    return 0 if c < 70 else (255 if c > 150 else (255*c - 22950) / 48)
im = Image.open('leopard.jpg')
im1 = im.point(contrast)
im_r, im_g, im_b= im1.split()
pylab.style.use('ggplot')
pylab.figure(figsize=(15,5))
pylab.subplot(121)
```

```
plot_image(im1)
pylab.subplot(122)
plot_hist(im_r, im_g, im_b)
pylab.yscale('log',basey=10)
pylab.show()
```

程序运行结果如图 2-8(a)、(b)所示。由图可以看到,每个通道的直方图已经被拉伸到像素值的端点。拉伸后的图像与原图相比,亮的地方更亮,暗的地方更暗,从而增加了图像的可视细节。

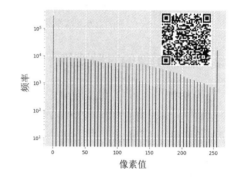

(a) 拉伸后的猎豹图像　　　　　　(b) 拉伸后的猎豹图像的 RGB 颜色通道直方图

图 2-8　拉伸后的猎豹图像及 RGB 颜色通道直方图

2. 使用 PIL 的 ImageEnhance 模块

ImageEnhance 模块也可以用于对比度拉伸。使用对比度对象的 Enhance()函数可增强输入图像的对比度,具体代码如下:

```
import pylab
from skimage import img_as_ubyte
from PIL import Image, ImageEnhance
import numpy as np
im = Image.open('leopard.jpg')
#利用 ImageEnhance 模块实现对比度拉伸
contrast = ImageEnhance.Contrast(im)
im1=np.reshape(np.array(contrast.enhance(2) .getdata()).astype(np.uint8),(im.height,im.width, 3))
pylab.style.use('ggplot')
pylab.figure(figsize=(15,5))
pylab.subplot(121), plot_image(im1)
pylab.subplot(122), plot_hist(im1[...,0], im1[...,1], im1[...,2]),pylab.yscale('log',basey=10)
pylab.show()
```

程序运行结果如图 2-9(a)、(b)所示。由图可以看到,图像的对比度增强,RGB 颜色通道直方图向端点拉伸。

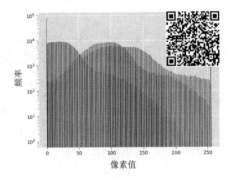

(a) 拉伸后的猎豹图像   (b) 拉伸后的猎豹图像的 RGB 颜色通道直方图

图 2-9 猎豹图像对比度增强及颜色通道直方图拉伸

2.2.3 彩色图像的对数变换

当需要将图像压缩或拉伸至一定灰度范围时，对数变换是非常有用的。对数变换的点变换函数的一般形式为 $s = T(r) = c \cdot \log(1 + r)$，其中 c 是常数。绘制输入图像的颜色通道直方图的代码如下所示：

```python
import pylab
from skimage import img_as_ubyte
from PIL import Image
import numpy as np
im = Image.open("panda.jpg")
im_r, im_g, im_b = im.split()
pylab.style.use('ggplot')
pylab.figure(figsize=(15,5))
pylab.subplot(121), plot_image(im, 'original image')
pylab.subplot(122), plot_hist(im_r, im_g, im_b,'histogram for RGB channels')
pylab.show()
```

程序运行结果如图 2-10(a)、(b)所示。

original image

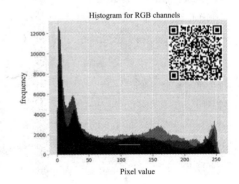

(a) 熊猫原始图像   (b) 熊猫原始图像的颜色通道直方图

图 2-10 熊猫原始图像及其颜色通道直方图

然后，使用 PIL 图像模块的 point()函数进行对数变换，并将此变换作用于 RGB 图像，从而对不同颜色通道直方图产生影响，代码如下：

```python
import pylab
from skimage import img_as_ubyte
from PIL import Image
import numpy as np
im = Image.open("panda.jpg")
#对数变换
im = im.point(lambda i: 255*np.log(1+i/255))
im_r, im_g, im_b = im.split()
pylab.style.use('ggplot')
pylab.figure(figsize=(15,5))
pylab.subplot(121), plot_image(im, 'image after log transform')
pylab.subplot(122), plot_hist(im_r, im_g, im_b, 'histogram of RGB channels log transform')
pylab.show()
```

程序运行结果如图 2-11(a)、(b)所示。

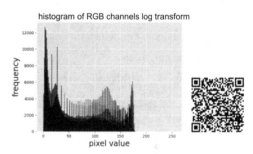

(a) 经对数变换后的图像　　　　　(b) 经对数变换后的颜色通道直方图

图 2-11　经对数变换后的熊猫图像及其颜色通道直方图

2.2.4　彩色图像的幂律变换

下面通过具体实例介绍幂律变换及可视化变换等操作对颜色通道直方图的影响。实现代码如下：

```python
import pylab
from skimage import img_as_ubyte, img_as_float
from matplotlib.pyplot import imread
import numpy as np
im = img_as_float(imread('panda.jpg'))
#设置 γ 值
gamma = 5
#幂律变换
im1 = im**gamma
```

```
pylab.style.use('ggplot')
pylab.figure(figsize=(15,5))
pylab.subplot(121), plot_image(im, 'original image')
pylab.subplot(122), plot_image(im1, 'Image after power law transform')
pylab.show()
```

程序运行结果如图 2-12(a)、(b)所示。

(a) 原始图像　　　　　　　　　　　(b) 经幂律变换(γ = 5)后的图像

图 2-12　原始图像及经幂律变换(γ = 5)后的图像

将上述代码进行部分修改，修改后的代码如下所示：

```
import pylab
from skimage import img_as_ubyte, img_as_float
from matplotlib.pyplot import imread
import numpy as np
im = img_as_float(imread('panda.jpg'))
gamma = 5
im1 = im**gamma
pylab.style.use('ggplot')
pylab.figure(figsize=(15,5))
pylab.subplot(121), plot_hist(im[...,0], im[...,1], im[...,2], 'histogram for RGB channels (input)')
pylab.subplot(122), plot_hist(im1[...,0], im1[...,1], im1[...,2],'histogram for RGB channels (output)')
pylab.show()
```

程序运行结果如图 2-13(a)、(b)所示。

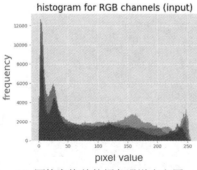
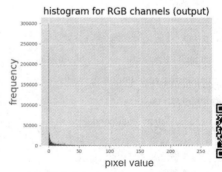

(a) 幂律变换前的颜色通道直方图　　　　(b) 幂律变换(γ=5)后的颜色通道直方图

图 2-13　幂律变换前后的颜色通道直方图

2.3 直 方 图 处 理

直方图处理技术为改变图像中像素值的动态范围提供了一种更好的方法,使图像的强度直方图具有理想的形状。由前面章节举例可知,对比度拉伸操作的图像增强效果是有限的,因为它只能应用线性缩放函数。直方图处理技术可以通过使用非线性(和非单调)传递函数将输入像素的强度映射到输出像素的强度,从而使其功能变得更加强大。本节将用 scikit-image 库的曝光模块实现直方图均衡化和直方图匹配。

2.3.1 直方图均衡化

直方图均衡化采用单调的非线性映射,该映射重新分配输入图像的像素强度值,使输出图像的强度分布均匀(直方图平坦),从而增强图像的对比度。直方图均衡化的实现有两种不同的方式:第一种是对整个图像的全局操作;第二种是局部的(自适应的)操作,将图像分割成块,并在每个块上运行直方图均衡化。曝光模块中的 equalize_hist()函数可以进行直方图均衡化,具体代码如下:

```
import pylab
from skimage.color import rgb2gray
from skimage import img_as_ubyte, exposure
from matplotlib.pyplot import imread
img = rgb2gray(imread('panda.jpg'))
#直方图均衡化
img_eq = exposure.equalize_hist(img)
#自适应直方图均衡化
img_adapteq = exposure.equalize_adapthist(img, clip_limit=0.03)
pylab.gray()
images = [img, img_eq, img_adapteq]
titles = ['original input ', 'after histogram equalization', 'after adaptive histogram equalization']
for i in range(3) :
    pylab.figure(figsize=(20,10)), plot_image(images[i], titles[i])
pylab.figure(figsize=(15,5))
for i in range(3) :
    pylab.subplot(1,3,i+1), pylab.hist(images[i].ravel(), color='g'),pylab.title(titles[i], size=15)
pylab.show()
```

程序运行结果如图 2-14 所示。原始图像、直方图均衡化后的图像和自适应直方图均衡化后的图像分别如图 2-14(a)、(b)、(c)所示。原始图像、直方图均衡化和自适应直方图均衡像素分布的情况分别如图 2-14(d)、(e)、(f)所示(横轴代表像素值,纵轴代表相应的频率)。由图 2-14 可以看到,经过直方图均衡化后,输出图像的直方图均匀分币;与全局直方图均衡化后的图像相比，自适应直方图均衡化后的图像更清晰地展示了图像的细节。

(a) 原始图像

(b) 直方图均衡化后的图像

(c) 自适应直方图均衡化后的图像

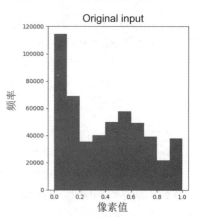
(d) 原始图像像素分布

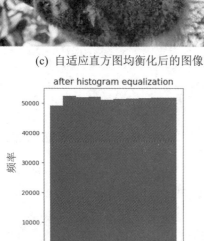
(e) 经过直方图均衡化

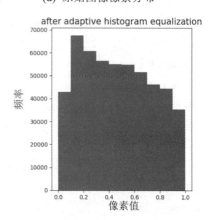
(f) 经过自适应直方图均衡化

图 2-14　直方图均衡化

2.3.2　直方图匹配

直方图匹配是指将一幅图像的直方图与另一个参考(模板)图像的直方图进行匹配。图像的累积直方图如图 2-15 所示。

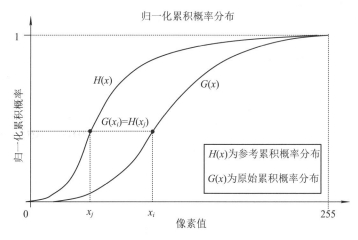

图 2-15 图像的累积直方图

实现直方图匹配的算法如下：

(1) 计算每个图像的累积直方图。

(2) 已知输入(将要调整的)图像中的任意像素值 x_i，在输出图像中，通过将输入图像的直方图与模板图像的直方图进行匹配，找到对应的像素值 x_j。

(3) 已知 x_i 像素值的累积直方图值 $G(x_i)$，找到一个像素值 x_j，使参考累积概率分布值 $H(x_j)$ 在参考图中等于 $G(x_i)$，即 $H(x_j) = G(x_i)$。

(4) 将输入值 x_i 用 x_j 替代。

实现直方图匹配的具体程序如下：

```python
import numpy as np
import pylab
from matplotlib.pyplot import imread
from skimage import img_as_ubyte
from skimage.color import rgb2gray
from skimage.exposure import cumulative_distribution
#将图像的 CDF 计算为 2D numpy ndarray
def cdf(im):
    c, b = cumulative_distribution(im)
    #填充开始和结束像素及其 CDF 值
    c = np.insert(c, 0, [0]*b[0])
    c = np.append(c, [1]*(255-b[-1]))
    return c
#直方图匹配
def hist_matching(c, c_t, im):
    pixels = np.arange(256)
    new_pixels = np.interp(c, c_t, pixels)
    im = (np.reshape(new_pixels[im.ravel()], im.shape)).astype(np.uint8)
```

```
    return im
pylab.gray()
im = (rgb2gray(imread('panda.jpg'))*255).astype(np.uint8)
im_t = (rgb2gray(imread('leopard.jpg'))*255).astype(np.uint8)
pylab.figure(figsize=(20,12))
pylab.subplot(2,3,1), plot_image(im, 'Input image')
pylab.subplot(2,3,2), plot_image(im_t, 'Template image')
#计算图像的累积直方图
c = cdf(im)
c_t = cdf(im_t)
pylab.subplot(2,3,3)
p = np.arange(256)
pylab.plot(p, c, 'r-.', label='input')
pylab.plot(p, c_t, 'b--', label='template')
pylab.legend(prop={'size': 15})
pylab.title('CDF', size=20)
im = hist_matching(c, c_t, im)
pylab.subplot(2,3,4), plot_image(im, 'Output image with Hist. Matching')
c1 = cdf(im)
pylab.subplot(2,3,5)
pylab.plot(np.arange(256), c, 'r-.', label='input')
pylab.plot(np.arange(256), c_t, 'b--', label='template')
pylab.plot(np.arange(256), c1, 'g-', label='output')
pylab.legend(prop={'size': 15})
pylab.title('CDF', size=20)
pylab.show()
```

程序运行结果如图 2-16 所示。由图可以看到，经过直方图匹配后，输出图像的累积分布函数与输入猎豹图像(即模板图像)的 CDF 重合。

　　(a) 输入图像　　　　　　　　　　　　　(b) 模板图像

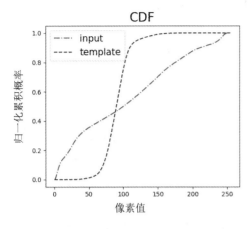 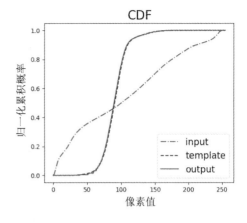

(c) 输入图像与模板图像的 CDF　　　　(d) 输入图像、模板图像和输出图像的 CDF

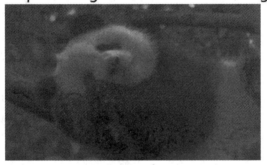

(e) 直方图匹配的输出图像

图 2-16　熊猫图像与猎豹图像直方图匹配

2.4　图 像 的 平 滑

图像平滑的主要目的是减小噪声。图像中的噪声种类很多,对图像信号幅度和相位的影响十分复杂,有些噪声和图像信号互相独立,有些则是相关的,噪声本身之间也可能相关。因此要减小图像中的噪声,必须针对具体情况采用不同的方法,否则很难获得满意的处理效果。

2.4.1　图像噪声

"噪声"一词来自声学,原指人们在聆听目标声音时受到其他声音的干扰,这种起干扰作用的声音称为"噪声"。图像噪声可以从两方面来理解,一方面,从电信号的角度理解,因为图像的形成往往与图像生成器件的电子特征密切相关,因此,多种电子噪声会反映到图像信号中,这些噪声既可以通过观察电信号获得,也可以通过电信号转变为图像信号后在图像中表现出来。另一方面,图像的形成和显示都和光以及承载图像的媒介密不可分，因此光照、承载媒介造成的噪声等也会在图像中有所反映。

1. 图像噪声的来源

图像系统中的噪声来自多方面，影响图像质量的噪声源主要有以下几类：

(1) 由光和电的基本性质所引起的噪声。

(2) 电器的机械运动产生的噪声，如各种接头抖动引起的电流变化所产生的噪声，磁头、磁带抖动引起的抖动噪声等。

(3) 元器件材料本身引起的噪声，如磁带、磁盘表面缺陷所产生的噪声。

(4) 系统内部设备电路所引起的噪声，如电源系统引入的交流噪声和偏转系统引起的噪声等。

2. 图像噪声的分类

按产生的原因噪声可以分为外部噪声和内部噪声两大类。外部噪声是指系统外部干扰通过电磁波或电源串进系统内部而引起的噪声。内部噪声是指系统内部设备、器件、电路所引起的噪声，如散粒噪声、热噪声、光量子噪声等。

按统计特性噪声可以分为平稳噪声和非平稳噪声两种。在实际应用中，统计特性不随时间变化的噪声称为平稳噪声，统计特性随时间变化的噪声称为非平稳噪声。

噪声也可按幅度分布形状来区分。幅度分布遵循高斯分布的噪声称为高斯噪声，幅度分布遵循瑞利分布的噪声称为瑞利噪声。

噪声还可按频谱形状来区分。频谱幅度均匀分布的噪声称为白噪声，频谱幅度与频率成反比的噪声称为 $1/f$ 噪声，而与频率平方成正比的噪声称为三角噪声。

按噪声与信号之间的关系，噪声亦可分为加性噪声和乘性噪声两类。假定信号为 $s(t)$，噪声为 $n(t)$，不论噪声输入信号的大小，都应叠加到信号上，形式为 $s(t) + n(t)$，则称此类噪声为加性噪声，如放大器噪声、光量子噪声、胶片颗粒噪声等。如果噪声受图像信息本身调制，形式为 $s(t)[1 + n(t)]$，则称其为乘性噪声。在某些情况下，如果某个位置处信号变化不大，则该点噪声较小。为了分析处理方便，常常将乘性噪声近似认为是加性噪声，而且不论是乘性还是加性噪声，总是假定信号和噪声是互相独立的。

3. 图像噪声的特点

图像噪声具有如下特点：

(1) 噪声在图像中的分布和大小不规则。

(2) 噪声与图像之间具有相关性。

(3) 噪声具有叠加性。

2.4.2　线性噪声平滑

线性(空间)滤波具有对(在邻域内)像素值加权求和的功能，它是一种线性运算，可以对图像进行模糊或去噪。模糊用于预处理过程，如删除不重要的(不相关的)细节。常用的线性滤波器有盒式滤波器和高斯滤波器。滤波器是通过一个小(如 3×3)核(掩模)来实现的，通过在输入图像上滑动掩模重新计算像素值，并将过滤函数应用到输入图像的每一个可能的像素(输入图像中心像素值对应的掩模所具有的权重被像素值的加权和替代)上。例如，盒式滤波器(也称为均值滤波器)用其邻域的平均值替换每个像素，并通过去除清晰的特征(如模糊边缘)使空间平滑消除噪声，实现平滑效果。

下面将介绍使用 PIL 的 ImageFilter 模块对图像应用线性噪声平滑。

1. 基于 ImageFilter 平滑

PIL 的 ImageFilter 模块的滤波功能可用于对噪声图像进行去噪，通过改变输入图像的噪声水平观察其对模糊滤波器的影响。以熊猫图像继续作为输入图像，具体代码如下：

```python
import numpy as np
from PIL import Image, ImageFilter
from matplotlib import pylab
i = 1
pylab.figure(figsize=(10,20))
for prop_noise in np.linspace(0.05,0.3,3):
    im = Image.open('panda.jpg')
    #在图像中随机选择 5000 个位置
    n = int(im.width * im.height * prop_noise)
    x, y = np.random.randint(0, im.width, n), np.random.randint(0, im.height, n)
    for (x,y) in zip(x,y):
        im.putpixel((x, y), ((0,0,0) if np.random.rand() < 0.5 else (255,255,255)))
#产生椒盐噪声
    im.save('panda_noise' + str(prop_noise) + '.jpg')
    pylab.subplot(6,2,i), plot_image(im, 'Original Image with ' +
    str(int(100*prop_noise)) + '% added noise')
    i += 1
    #平滑噪声
    im1 = im.filter(ImageFilter.BLUR)
    pylab.subplot(6,2,i), plot_image(im1, 'Blurred Image')
    i += 1
pylab.show()
```

程序运行结果如图 2-17 所示。由图可以看到，随着输入图像噪声的增大，平滑后的图像质量变差。

Original Image with 5% added noise

Blurred Image

(a) 掺杂了 5%噪声的原始图像　　　　　　　　(b) 平滑(5%)后的模糊图像

(c) 掺杂了 17%噪声的原始图像

(d) 平滑(17%)后的模糊图像

(e) 掺杂了 30%噪声的原始图像

(f) 平滑(30%)后的模糊图像

图 2-17　不同噪声水平的熊猫图像及其平滑后的模糊图像

2. 基于盒模糊核均值化平滑

下面介绍使用 PIL 的 ImageFilter.Kernel()函数及大小分别为 3×3 和 5×5 的盒模糊核(均值滤波器)来平滑噪声图像，具体代码如下：

```python
import numpy as np
from PIL import Image, ImageFilter
from matplotlib import pylab
#前面保存的掺杂了 17%噪声的原始图像
im = Image.open('panda_noise0.175.jpg')
pylab.figure(figsize=(20,7))
pylab.subplot(1,3,1), pylab.imshow(im), pylab.title('Original Image',size=10),
pylab.axis('off')
for n in [3,5]:
    box_blur_kernel = np.reshape(np.ones(n*n),(n,n)) / (n*n)
    #盒模糊核平滑噪声
    im1 = im.filter(ImageFilter.Kernel((n,n), box_blur_kernel.flatten()))
    pylab.subplot(1,3,(2 if n==3 else 3))
    plot_image(im1, 'Blurred with kernel size = ' + str(n) + 'x' + str(n))
pylab.show()
```

程序运行结果如图 2-18 所示。由图可以看到，大尺寸的盒模糊核的平滑效果比小尺寸盒模糊核的平滑效果好。

Original Image

Blurred with kernel size = 3×3

(a) 原始图像

(b) 3×3 的盒模糊核

Blurred with kernel size = 5×5

(c) 5×5 的盒模糊核

图 2-18　利用不同核大小的 PIL 均值滤波(盒模糊)

3. 基于高斯模糊滤波器平滑

高斯模糊滤波器也是一种线性滤波器,但与简单的均值滤波器不同的是,它采用核窗口内像素的加权平均值来平滑一个像素(相邻像素的权重随着相邻像素与像素的距离呈指数递减)。PIL 的 ImageFilter.GaussianBlur()函数可用不同半径参数值的核实现对较大噪声图像的平滑,具体代码如下:

```
from PIL import Image, ImageFilter
from matplotlib import pylab
im = Image.open('panda_noise0.175.jpg')
pylab.figure(figsize=(20,6))
i = 1
for radius in range(1, 4):
    #高斯模糊滤波器平滑噪声
    im1 = im.filter(ImageFilter.GaussianBlur(radius))
    pylab.subplot(1,3,i), plot_image(im1, 'radius = ' +str(round(radius,2)))
    i += 1
pylab.show()
```

程序运行结果如图 2-19 所示。由图可以看到,随着半径的增大,高斯模糊滤波器去除的噪声越来越多,图像变得更加平滑,也变得更加模糊。

radius = 1

radius = 2

(a) 半径为 1 的高斯模糊滤波器平滑　　　　(b) 半径为 2 的高斯模糊滤波器平滑

radius = 3

(c) 半径为 3 的高斯模糊滤波器平滑

图 2-19　利用不同半径核的 PIL 高斯模糊滤波

2.4.3　非线性噪声平滑

　　非线性(空间)滤波器可同样作用于邻域,类似于线性滤波器通过在图像上滑动核(掩模)来实现噪声平滑。但是,非线性滤波器的滤波操作是基于有条件地使用邻域内像素的值,且不会使用一般形式的乘积和的系数。例如,中值计算是一个非线性的运算操作,采用非线性滤波器可以有效地降低噪声,其基本功能是计算中值滤波器所在邻域的灰度值。中值滤波器应用广泛,对于某些类型的随机噪声(例如脉冲噪声)可提供优异的去噪能力,具有比相似大小的线性平滑滤波器更少的模糊。非线性滤波器的功能比线性滤波器更加强大,例如在抑制非高斯噪声时,处理尖峰和边缘/纹理保存等方面具有明显优势。非线性滤波器的一些实例就包含了中值滤波器和非局部均值滤波器的使用。下面将阐述这些基于 PIL 和 scikit-image 库函数的非线性滤波器。

1. PIL 平滑

　　PIL 的 ImageFilter 模块为图像的非线性去噪提供了一系列功能。本节将通过案例来展示其中的几种。

1) 中值滤波器

　　中值滤波器用邻域像素值的中值替换每个像素。尽管这种滤波器可能会去除图像中的某些小细节,但它可以极好地去除椒盐噪声。使用中值滤波器时,首先要给邻域强度一个优先级,然后选择中间值。中值滤波对统计异常值具有较强的平复性,适应性强,模糊程度较低,易于实现。PIL 的 ImageFilter 模块的 MedianFilter()函数可从有噪声的熊猫图像中去除椒盐噪声,并为图像添加不同级别的噪声,可使用不同大小的核窗口作为中值滤波器,具体代码如下:

```
import numpy as np
from PIL import Image, ImageFilter
import matplotlib.pylab as pylab
i = 1
pylab.figure(figsize=(25,35))
for prop_noise in np.linspace(0.05,0.3,3):
    im = Image.open('panda.jpg')
    #在图像中随机选择 5000 个位置
    n = int(im.width * im.height * prop_noise)
    x, y = np.random.randint(0, im.width, n), np.random.randint(0,im.height, n)
    #生成椒盐噪声
    for (x,y) in zip(x,y):
        im.putpixel((x, y), ((0,0,0) if np.random.rand() < 0.5 else (255,255,255)))
    im.save('panda_noise_' + str(prop_noise) + '.jpg')
    pylab.subplot(6,4,i)
    plot_image(im, 'Original Image with ' + str(int(100*prop_noise)) +'% added noise')
    i += 1
    #设置滤波器的尺寸
    sz = 3
    #中值滤波器平滑噪声
    im1 = im.filter(ImageFilter.MedianFilter(size=sz))
    pylab.subplot(6,4,i), plot_image(im1, 'Output (Median Filter size='+str(sz) + ')')
    i += 1
pylab.show()
```

　　分别更改程序中滤波器尺寸"sz"的值为 3、7、11，可调整中值滤波器的大小，程序运行结果如图 2-20 所示。

Original Image with 5% added noise

output(Median Filter size=3)

output(Median Filter size=7)

output(Median Filter size=11)

(a) 掺杂了 5%噪声的原始图像及中值滤波器的输出图像

Original Image with 17% added noise

Output(Median Filter size=3)

output(Median Filter size=7)

output(Median Filter size=11)

(b) 掺杂了 17%噪声的原始图像及中值滤波器的输出图像

Original Image with 30% added noise

Output(Median Filter size=3)

output(Median Filter size=7)

output(Median Filter size=11)

(c) 掺杂了 30%噪声的原始图像及中值滤波器的输出图像

图 2-20　添加不同噪声的原始图像及中值滤波器后的输出图像

2) 最大值滤波器和最小值滤波器

下面介绍使用 MaxFilter()函数去除脉冲噪声，然后使用 MinFilter()函数去除图像中的椒盐噪声，具体代码如下：

```
from PIL import Image, ImageFilter
import matplotlib.pylab as pylab
im = Image.open('panda_noise_0.05.jpg')
sz = 3
pylab.subplot(1,3,1)
```

```
plot_image(im, 'Original Image with 5% added noise')
#最大值滤波器
im1 = im.filter(ImageFilter.MaxFilter(size=sz))
pylab.subplot(1,3,2), plot_image(im1, 'Output (Max Filter size=' + str(sz)+ ')')
#最小值滤波器
im1 = im.filter(ImageFilter.MinFilter(size=sz))
pylab.subplot(1,3,3), plot_image(im1, 'Output (Min Filter size=' + str(sz)+ ')')
pylab.show()
```

程序运行结果如图 2-21 所示。由图可以看到，最大值滤波器和最小值滤波器在去除噪声图像的脉冲噪声方面都具有一定的效果。

Original Image with 5% added noise

(a) 掺杂了 5%噪声的原始图像

Output(Max Filter size=3)

(b) 最大值滤波器为 3 的输出图像

Output(Min Filter size=3)

(c) 最小值滤波器为 3 的输出图像

图 2-21 最大值滤波器和最小值滤波器去除图像的脉冲噪声

2. scikit-image 平滑

scikit-image 库在图像复原模块中提供了一组非线性滤波器，其中非局部均值滤波器是一种常用的滤波器。

非局部均值滤波器实际上是一种保留纹理的非线性去噪算法。在该算法中，设置任意给定的像素的值时，仅使用与处理像素具有相似局部邻域的邻近像素的加权平均值。换言之，就是将以其他像素为中心的小斑块与以处理像素为中心的斑块进行比较。在本节中，通过使用非局部均值滤波器对熊猫图像去噪来演示该算法。函数的 h 参数控制斑块权重的衰减，它是斑块之间距离的函数。如果 h 很大，允许不同的斑块之间有更多的平滑。采用非局部均值滤波器去噪的代码如下：

```python
import numpy as np
import pylab
from skimage import img_as_float
from skimage.io import imread
from skimage.restoration import estimate_sigma, denoise_nl_means
def plot_image_axes(image, axes, title):
    axes.imshow(image)
    axes.axis('off')
    axes.set_title(title, size=20)
parrot = img_as_float(imread('panda.jpg'))
sigma = 0.25
noisy = parrot + sigma * np.random.standard_normal(parrot.shape)
noisy = np.clip(noisy, 0, 1)
#估计噪声图像的噪声标准差
sigma_est = np.mean(estimate_sigma(noisy, multichannel=True))
print("estimated noise standard deviation = {}".format(sigma_est))
patch_kw = dict(patch_size=5, patch_distance=6, multichannel=True)
#慢算法
denoise = denoise_nl_means(noisy, h=1.15 * sigma_est, fast_mode=False, **patch_kw)
#快算法
denoise_fast = denoise_nl_means(noisy, h=0.8 * sigma_est, fast_mode=True, **patch_kw)
fig, axes = pylab.subplots(nrows=2, ncols=2, figsize=(15, 12), sharex=True, sharey=True)
plot_image_axes(noisy, axes[0, 0], 'noisy')
plot_image_axes(denoise, axes[0, 1], 'non-local means\n(slow)')
plot_image_axes(parrot, axes[1, 0], 'original\n(noise free)')
plot_image_axes(denoise_fast, axes[1, 1], 'non-local means\n(fast)')
fig.tight_layout()
pylab.show()
```

程序运行结果如图 2-22 所示。

(a) 原始图像   (b) 添加噪声后的图像

(c) 非局部均值(慢)　　　　　　　　　　(d) 非局部均值(块)

图 2-22　快、慢非局部均值方法图像去噪效果比较

2.5　图 像 的 锐 化

　　图像在形成和传输过程中，由于成像系统聚焦差或信道带宽过窄，会使图像目标物轮廓变模糊、细节不清晰，同时，图像平滑后也会变模糊。针对这类问题，需要通过图像锐化处理来实现图像增强。若从频域分析，图像的低频成分主要对应于图像中的区域和背景，而高频成分则主要对应于图像中的边缘和细节，图像模糊的实质是表示目标物轮廓和细节的高频分量被衰减，因而在频域可采用高频提升滤波的方法来增强图像。这种使图像目标物轮廓和细节更突出的方法称为图像锐化，即图像锐化主要是加强高频成分或减弱低频成分。锐化能加强细节和边缘，对图像有去模糊的作用。但由于噪声主要分布在高频部分，如果图像中存在噪声，锐化处理对噪声将会有一定的放大作用。

2.5.1　一阶微分算子法

　　针对由于平均或积分运算而引起的图像模糊，可用微分运算来实现图像的锐化。微分运算是求信号的变化率，有加强高频分量的作用，从而使图像轮廓清晰。为了把图像中向任何方向伸展的边缘和轮廓变清晰，对图像的某种导数运算应各向同性，梯度的幅度和拉普拉斯运算是符合上述条件的。

1. 梯度法

　　对于图像函数 $f(x, y)$，其在点 (x, y) 处的梯度是一个矢量，数学定义为

$$\nabla f(x, y) = \left[\frac{\partial f(x, y)}{\partial x} \quad \frac{\partial f(x, y)}{\partial y} \right]^{\mathrm{T}} \tag{2-1}$$

　　其方向表示函数 $f(x, y)$ 最大变化率的方向，其大小为梯度的幅度，用 $G[f(x, y)]$ 表示，即

$$G[f(x, y)] = \sqrt{\left(\frac{\partial f}{\partial x} \right)^2 + \left(\frac{\partial f}{\partial y} \right)^2} \tag{2-2}$$

由式(2-2)可知，梯度的幅度就是 $f(x, y)$ 在其最大变化率方向上单位距离所增加的量。对于数字图像而言，式(2-2)可以近似为差分算法：

$$G[f(x,y)] = \sqrt{[f(i,j) - f(i+1,j)]^2 + [f(i,j) - f(i,j+1)]^2} \qquad (2\text{-}3)$$

式中，各像素的位置如图 2-23(a)所示。

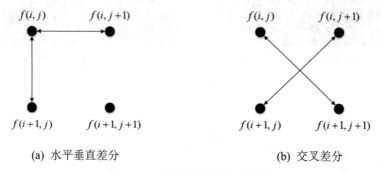

(a) 水平垂直差分　　　　　　　　　　　(b) 交叉差分

图 2-23　求梯度的两种差分算法

式(2-3)的一种近似差分算法为

$$G[f(x,y)] = |f(i,j) - f(i+1,j)| + |f(i,j) - f(i,j+1)| \qquad (2\text{-}4)$$

以上梯度法又称为水平垂直差分法，是一种典型的梯度算法。

另一种梯度法为罗伯特梯度法(Robert Gradient)，是一种交叉差分计算法，具体的像素位置如图 2-23(b)所示。梯度的幅度数学表达式为

$$G[f(x,y)] = \sqrt{[f(i,j) - f(i+1,j+1)]^2 + [f(i+1,j) - f(i,j+1)]^2} \qquad (2\text{-}5)$$

式(2-5)可近似表示为

$$G[f(x,y)] = |f(i,j) - f(i+1,j+1)| + |f(i+1,j) - f(i,j+1)| \qquad (2\text{-}6)$$

由梯度计算可知，在图像中，灰度变化较大的边缘区域的梯度值较大，灰度变化平缓区域的梯度值较小，而灰度均匀区域的梯度值为零。图像经过梯度运算后，会留下灰度值急剧变化的边缘处的点。

当梯度计算完后，可以根据需要生成不同的梯度图像。例如，使各点的灰度 $g(x, y)$ 等于该点的梯度的幅度，即

$$g(x,y) = G[f(x,y)] \qquad (2\text{-}7)$$

此图像仅显示灰度变化的边缘轮廓。

还可以用下式表示增强的图像：

$$g(x,y) = \begin{cases} G[f(x,y)] & G[f(x,y)] \geq T \\ f(x,y) & \text{其他} \end{cases} \qquad (2\text{-}8)$$

　　对图像而言，物体和物体之间、背景和背景之间的梯度变化一般很小，灰度变化较大处一般集中在图像的边缘，也就是物体和背景交界的地方。设定一个合适的阈值 T，当 $G[f(x, y)] \geqslant T$ 时，认为该像素点处于图像的边缘，对梯度值增加 C，以使边缘变亮；而当 $G[f(x, y)] < T$ 时，认为像素点是同类像素点(同为背景或者同为物体)。这样既增加了物体的边界，又同时保留了图像背景原来的状态。

　　下面介绍使用卷积核来计算梯度及其大小、方向。以灰度象棋图像作为输入，绘制图像像素值和梯度向量的 x 分量随着图像第一行的 y 坐标变化($x = 0$)而变化的情况。具体代码如下：

```
import numpy as np
import pylab
from scipy import signal
import imageio
from skimage.color import rgb2gray
ker_x = [[-1, 1]]
ker_y = [[-1], [1]]
im = rgb2gray(imageio.imread('chess.jpg'))
#计算 x 导数
im_x = signal.convolve2d(im, ker_x, mode='same')
#计算 y 导数
im_y = signal.convolve2d(im, ker_y, mode='same')
#计算梯度
im_mag = np.sqrt(im_x**2 + im_y**2)
#计算 θ
im_dir = np.arctan(im_y/im_x)
pylab.gray()
pylab.figure(figsize=(30,20))
pylab.subplot(231), plot_image(im, 'original'), pylab.subplot(232),plot_image(im_x, 'grad_x')
pylab.subplot(233), plot_image(im_y, 'grad_y'), pylab.subplot(234),plot_image(im_mag,'||grad||')
pylab.subplot(235), plot_image(im_dir, r'$\theta$'), pylab.subplot(236)
pylab.plot(range(im.shape[1]), im[0,:], 'b-', label=r'$f(x,y)|_{x=0}$',linewidth=2)
pylab.plot(range(im.shape[1]), im_x[0,:], 'r-', label=r'$grad_x(f(x,y))|_{x=0}$')
pylab.title(r'$grad_x (f(x,y))|_{x=0}$', size=20)
pylab.legend(prop={'size': 15})
pylab.show()
```

　　程序运行结果如图 2-24 所示。由图可以看到，x 和 y 方向上的偏导数分别检测到图像的垂直和水平边缘，梯度大小显示了图像中不同位置边缘的强度。

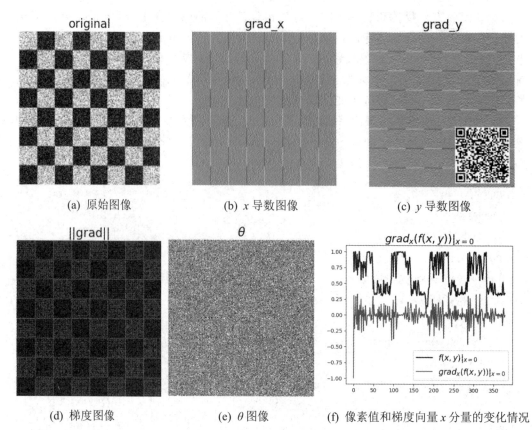

（a）原始图像　　　　　　　（b）x 导数图像　　　　　　　（c）y 导数图像

（d）梯度图像　　　　（e）θ 图像　　　　（f）像素值和梯度向量 x 分量的变化情况

图 2-24　棋盘图像边缘检测及边缘强度

2. Sobel 算子

采用梯度微分锐化图像时，不可避免地会使噪声、条纹等干扰信息得到增强，这里介绍的 Sobel 算子可在一定程度上解决这个问题。Sobel 算子是一种梯度算子，其基本模板如图 2-25 所示。

-1	-2	-1
0	0	0
1	2	1

-1	0	1
-2	0	2
-1	0	3

　　　（a）对水平边缘响应最大　　　　　　　（b）对垂直边缘响应最大

图 2-25　Sobel 算子模板

将图像分别经过两个 3×3 算子的窗口滤波，所得的结果为

$$g = \sqrt{G_x^2 + G_y^2} \tag{2-9}$$

式中，G_x 和 G_y 是图像中对应于 3×3 像素窗口中心点 (i, j) 的像素在 x 方向和 y 方向上的梯度，定义如下：

$$G_x = [f(i+1, j-1) + 2f(i+1, j) + f(i+1, j+1)] - \\ [f(i-1, j-1) + 2f(i-1, j) + f(i-1, j+1)] \tag{2-10}$$

$$G_y = [f(i-1, j+1) + 2f(i, j+1) + f(i+1, j+1)] - \\ [f(i-1, j-1) + 2f(i, j-1) + f(i+1, j-1)] \tag{2-11}$$

式(2-10)和式(2-11)分别对应图 2-25 所示的(a)、(b)两个滤波模板，所对应的像素点如图 2-26 所示。

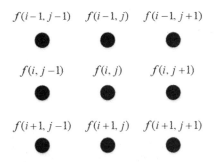

图 2-26　Sobel 算子模板对应的像素点

为了简化计算，也可以用 $g = |G_x| + |G_y|$ 来代替式(2-9)进行计算，得到锐化后的图像。

从上面的讨论可知，Sobel 算子不像普通梯度算子使用两个像素的差值，而是采用两列或两行加权和的差值，Sobel 算子具有以下两个优点：

(1) 由于引入了平均因素，因而对图像中的随机噪声有一定的平滑作用；

(2) 由于它是相隔两行或两列的差分，故边缘两侧的元素得到了增强，边缘显得粗而亮。

下面介绍使用 scikit-image 滤波器模块的 sobel_h()、sobel_y()和 sobel()函数分别查找水平与垂直边缘，并使用 Sobel 算子计算梯度大小。具体代码如下：

```
import pylab
from skimage import filters
import imageio
from skimage.color import rgb2gray
im = rgb2gray(imageio.imread('panda.jpg'))
pylab.gray()
pylab.figure(figsize=(20,18))
pylab.subplot(2,2,1)
plot_image(im, 'original')
pylab.subplot(2,2,2)
#计算 x 导数
edges_x = filters.sobel_h(im)
plot_image(edges_x, 'sobel_x')
```

```
pylab.subplot(2,2,3)
#计算 y 导数
edges_y = filters.sobel_v(im)
plot_image(edges_y, 'sobel_y')
pylab.subplot(2,2,4)
#计算梯度
edges = filters.sobel(im)
plot_image(edges, 'sobel')
pylab.subplots_adjust(wspace=0.1, hspace=0.1)
pylab.show()
```

程序运行结果如图 2-27 所示。由图可以看到，图像的水平和垂直边缘分别由水平和垂直 Sobel 滤波器检测，而使用 Sobel 滤波器计算的梯度大小图像则检测两个方向的边缘。

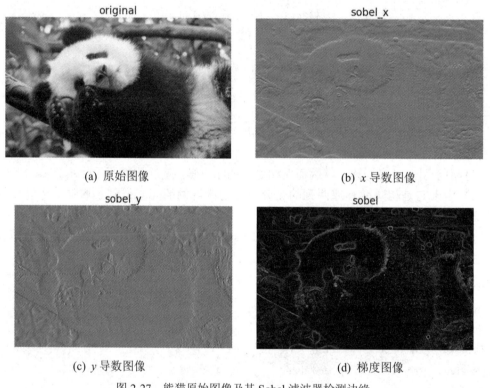

(a) 原始图像　　　　　　　　　　　　(b) x 导数图像

(c) y 导数图像　　　　　　　　　　　(d) 梯度图像

图 2-27　熊猫原始图像及其 Sobel 滤波器检测边缘

2.5.2　拉普拉斯算子法

拉普拉斯算子是常用的边缘增强处理算子，它是各向同性的二阶导数。拉普拉斯算子的表达式为

$$\nabla^2 f(x,y) = \frac{\partial^2 f(x,y)}{\partial x^2} + \frac{\partial^2 f(x,y)}{\partial y^2} \tag{2-12}$$

如果图像的模糊是由扩散现象引起的(如胶片颗粒化学扩散、光点散射)，则锐化后的

图像 g 的表达式为

$$g = f + k\nabla^2 f \tag{2-13}$$

式中，f，g 分别为锐化前后的图像，k 为与扩散效应有关的系数。式(2-13)表示模糊图像经拉普拉斯算子法锐化后得到不模糊图像 g。这里对 k 的选择要合理，k 太大会使图像中的轮廓边缘产生过冲，k 太小又会使锐化作用不明显。

对于数字图像，$f(x, y)$ 的二阶偏导数可近似用二阶差分表示。在 x 方向上，$f(x, y)$ 的二阶偏导数为

$$\begin{aligned}
\frac{\partial^2 f(x, y)}{\partial x^2} &\approx \nabla_x f(i+1, j) - \nabla_x f(i, j) \\
&= [f(i+1, j) - f(i, j)] - [f(i, j) - f(i-1, j)] \\
&= f(i+1, j) + f(i-1, j) - 2f(i, j)
\end{aligned} \tag{2-14}$$

式中，∇_x 表示 x 方向的一阶差分。

类似地，在 y 方向上，$f(x, y)$ 的二阶偏导数为

$$\frac{\partial^2 f(x, y)}{\partial y^2} = f(i, j+1) + f(i, j-1) - 2f(i, j) \tag{2-15}$$

因此，拉普拉斯算子 $\nabla^2 f$ 可进一步描述为

$$\begin{aligned}
\nabla^2 f &= \frac{\partial^2 f(x, y)}{\partial x^2} + \frac{\partial^2 f(x, y)}{\partial y^2} \\
&\approx f(i+1, j) + f(i-1, j) + f(i, j+1) + f(i, j-1) - 4f(i, j)
\end{aligned} \tag{2-16}$$

该算子的 3×3 等效模板如图 2-28 所示。可见数字图像在 (i, j) 点的拉普拉斯算子可以由 (i, j) 点灰度值减去该点邻域平均灰度值来求得。

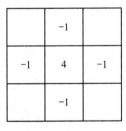

图 2-28　拉普拉斯算子模板

对于如图 2-28 所示的拉普拉斯模板，当式(2-13)中的常数 $k = 1$ 时，拉普拉斯锐化后的图像可表示为

$$\begin{aligned}
g(i, j) &= f(i, j) + \nabla^2 f(i, j) \\
&= -3f(i, j) + f(i+1, j) + f(i-1, j) + f(i, j+1) + f(i, j-1)
\end{aligned} \tag{2-17}$$

在实际应用中，拉普拉斯算子能对由扩散引起的图像模糊起到增强边界轮廓的效果，对于并非由扩散过程引起的模糊图像，效果并不一定很好。另外，同梯度算子类似，拉普拉斯算子在增强图像的同时，也增强了图像的噪声。因此，用拉普拉斯算子进行边缘检测

时，仍然有必要先对图像进行平滑或去噪处理。和梯度算子相比，拉普拉斯算子对噪声所起的增强效果并不明显。

下面介绍用如图 2-28 所示的卷积核来计算图像的拉普拉斯算子，具体代码如下：

```python
from scipy import signal
import numpy as np
import pylab
import imageio
from skimage.color import rgb2gray
#卷积核参数设置
ker_laplacian = [[0,-1,0],[-1, 4, -1],[0,-1,0]]
im = rgb2gray(imageio.imread('chess_1.jpg'))
#拉普拉斯卷积
im1 = np.clip(signal.convolve2d(im, ker_laplacian, mode='same'),0,1)
pylab.gray()
pylab.figure(figsize=(20,10))
pylab.subplot(121), plot_image(im, 'original')
pylab.subplot(122), plot_image(im1, 'laplacian convolved')
pylab.show()
```

程序运行结果如图 2-29 所示。由图可以看到，拉普拉斯算子的输出也检测出了图像的边缘。

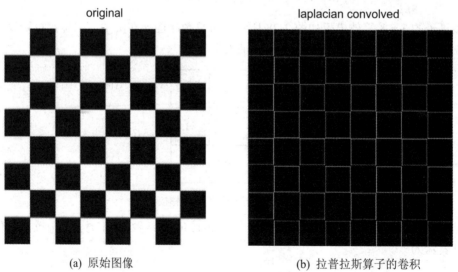

(a) 原始图像　　　　　　　　　　　　(b) 拉普拉斯算子的卷积

图 2-29　拉普拉斯算子检测棋盘的边缘

2.5.3　锐化和反锐化掩模

1. 使用拉普拉斯滤波器锐化图像

使用拉普拉斯滤波器锐化图像的具体步骤如下：

(1) 对输入原始图像应用拉普拉斯滤波器。

(2) 将步骤(1) 得到的输出图像与输入原始图像相叠加，可得到锐化后的图像。

使用 scikit-image filters 模块的 laplace()函数可实现上述算法，具体代码如下：

```
import numpy as np
import pylab
from imageio import imread
from skimage.color import rgb2gray
from skimage.filters import laplace
im = rgb2gray(imread('panda.jpg'))
#锐化图像
im1 = np.clip(laplace(im) + im, 0, 1)
pylab.gray()
pylab.figure(figsize=(20,30))
pylab.subplot(211), plot_image(im, 'original image')
pylab.subplot(212), plot_image(im1, 'sharpened image')
pylab.tight_layout()
pylab.show()
```

程序运行结果如图 2-30 所示。

(a) 原始图像　　　　　　　　　　　　(b) 使用拉普拉斯滤波器锐化后的图像

图 2-30　原始图像和使用拉普拉斯滤波器锐化后的图像

2. 反锐化掩模

反锐化掩模是一种用于锐化图像的技术，即将图像本身减去图像的模糊版本。反锐化掩模的基本步骤是：先对图像进行模糊处理，然后通过计算原始图像和模糊图像之间的差值(细节图像)来实现反锐化掩模。锐化后的图像可以由原始图像及其细节图像的线性组合来计算。用于反锐化掩模的典型混合公式如下：

$$锐化图像 = 原始图像 + (原始图像 - 模糊图像) \times \alpha \qquad (2\text{-}18)$$

式中，α 是一个可调参数。

下面介绍利用 SciPy 的 ndimage 模块对灰度图像执行反锐化掩模操作。具体代码如下：

```python
import numpy as np
import pylab
from scipy import ndimage
from skimage import img_as_float
from imageio import imread
def rgb2gray(im):
    return np.clip(0.2989 * im[...,0] + 0.5870 * im[...,1] + 0.1140 * im[...,2], 0, 1)
im = rgb2gray(img_as_float(imread('panda.jpg')))
#模糊图像
im_blurred = ndimage.gaussian_filter(im, 5)
#细节图像
im_detail = np.clip(im - im_blurred, 0, 1)
pylab.gray()
fig, axes = pylab.subplots(nrows=2, ncols=3, sharex=True, sharey=True, figsize=(15, 15))
axes = axes.ravel()
axes[0].set_title('Original image', size=15), axes[0].imshow(im)
axes[1].set_title('Blurred image, sigma=5', size=15),
axes[1].imshow(im_blurred)
axes[2].set_title('Detail image', size=15), axes[2].imshow(im_detail)
#设置 α 参数
alpha = [1, 5, 10]
for i in range(3) :
    #锐化图像
    im_sharp = np.clip(im + alpha[i]*im_detail, 0, 1)
    axes[3+i].imshow(im_sharp), axes[3+i].set_title('Sharpened image, alpha=' + str(alpha[i]), size=15)
for ax in axes:
    ax.axis('off')
fig.tight_layout()
pylab.show()
```

程序运行结果如图 2-31 所示。由图可以看到，随着 α 值的增加，图像变得更加清晰。

　　(a) 原始图像　　　　　　　　　　　　(b) 模糊图像

Detail image

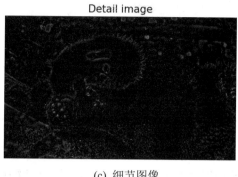

(c) 细节图像

Sharpened image, alpha=1

(d) 锐化图像，$\alpha = 1$

Sharpened image, alpha=5

(e) 锐化图像，$\alpha = 5$

Sharpened image, alpha=10

(f) 锐化图像，$\alpha = 10$

图 2-31 不同 α 值下图像的锐化效果

本 章 小 结

本章主要介绍了图像增强的概念和分类，固定阈值的二值化、半色调二值化、使用 PIL 进行对比度拉伸、彩色图像的对数和幂律变换等强度变换方法，使用直方图均衡化和直方图匹配处理直方图，对线性噪声和非线性噪声平滑的方式，如一阶微分算子法、Sobel 算子法和二阶拉普拉斯算子法以及锐化和反锐化掩模。

习 题

1. 读取一张图像，使用 PIL 的 point()函数以阈值为 50、100、150 进行固定阈值的二值化处理。

2. 读取一张图像，对其进行直方图均衡化以及自适应直方图均衡化，要求输出结果图像以及像素分布的情况，并进行对比观察。

3. 读取一张图像，利用 Sobel 算子检测图像的水平边缘、垂直边缘以及图像的梯度大小。

4. 读取一张图像，利用拉普拉斯滤波器锐化图像并进行对比观察。

第 3 章　形态学处理

　　形态学通常指生物学的一个分支，它用于处理动植物的形状和结构，在数学语境中使用该词作为提取图像分量的一种工具，这些分量在表示和描述区域形状(如边界、骨骼)时有重要的作用。

　　图像处理主要使用数学形态学基本运算，提取图像中对于描述区域形状有意义的图像分量，使后续识别工作能得到目标对象最为本质的形状特征，例如边界、连通区域等。图像处理的诸多形态学运算更适用于二值图像(像素表示为 0 或 1，约定对象前景为 1 或为白色，背景为 0 或为黑色)，但也可以扩展到灰度图像。形态学运算使用结构元素(小模板图像)来探测输入图像，其工作原理是将结构元素定位在输入图像中所有可能的位置，用集合算子将结构元素与像素的相应邻域进行比较，并使用不同操作测试结构元素是否与邻域相匹配或相交。常用的形态学运算有腐蚀和膨胀、开运算和闭运算、骨架化等。本章将介绍数学形态学基础知识以及二值图像和灰度图像的形态学处理。

3.1　数学形态学基础知识

　　在数字图像处理的形态学运算中，常把一幅图像或者图像中一个感兴趣的区域称为集合，集合用大写字母 A、B、C 等表示。而元素通常是指单个的像素，用该元素在图像中的整型位置坐标 $z = (z_1, z_2)$ 表示，这里 $z \in \mathbf{Z}^2$，其中 $\mathbf{Z}^2$ 为二元整数序偶对的集合。

1. 集合与元素的关系

　　属于与不属于：对于某一个集合 A，若点 a 在 A 之内，则称 a 属于 A，或 a 是集合 A 的元素，记作 $a \in A$；若点 b 不在 A 内，称 b 不属于 A，或 b 不是集合 A 的元素，记作 $b \notin A$，如图 3-1(a)所示。

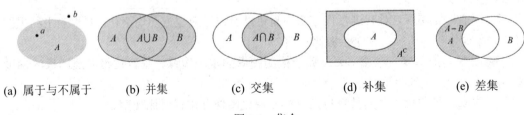

(a) 属于与不属于　　(b) 并集　　(c) 交集　　(d) 补集　　(e) 差集

图 3-1　集合

2. 集合与集合的关系

并集：$C = \{z \mid z \in A \text{ 或 } z \in B\}$，记作 $C = A \bigcup B$，即 A 与 B 的并集 C 包含集合 A 与集合 B 的所有元素，如图 3-1(b)所示。并集的重要性质为可交换性，即 $A \bigcup B = B \bigcup A$，此外并集还存在可结合性，即 $(A \bigcup B) \bigcup C = A \bigcup (B \bigcup C)$。

通过并集的这两个性质可以推导出非常高效的形态学实现算法，这意味着仅需要对两幅图像进行逻辑或运算即可。如果区域用行程来表示，并集计算的复杂度会降低。计算原理是观察行程的顺序同时合并两个区域的行程，然后将互相交叠的几个行程合并成一个行程。

交集：$C = \{z \mid z \in A \text{且} z \in B\}$，记作 $C = A \bigcap B$，即 A 与 B 的交集 C 包含同时属于 A 与 B 的所有元素，如图 3-1(c)所示。交集与并集类似，相当于对两幅图像进行逻辑与运算，交集也存在交换性和结合性。

补集：$A^C = \{z \mid z \in E \text{且} z \notin A\}$，即 A 的补集是不包含 A 的所有元素组成的集合，如图 3-1(d)所示。一个区域的补集可以无限大，所以不能用二值图像来表示，对于二值图像表示的区域，定义时不应含有补集，但用行程编码表示区域时可以使用补集定义，即通过增加一个标记来指示保存的是区域还是区域的补集，这可用来定义一组更广义的形态学操作。

差集：$A - B = \{z \mid z \in A \text{且} z \notin B\}$，即 A 与 B 的差集由所有属于 A 但不属于 B 的元素构成，如图 3-1(e)所示。差集运算既不能交换也不能结合，差集可以根据交集和补集来定义。

3. 平移与反射

平移：将一个集合 A 平移距离 x 可以表示为 $A + x$，其定义为

$$A + x = \{a + x \mid a \in A\} \tag{3-1}$$

反射：设有一幅图像 A，将 A 中所有元素相对原点旋转 $180°$，即 (x, y) 变成 $(-x, -y)$，所得到的新集合称为 A 的反射集，记为 $-A$。

4. 结构元素

设有两幅图像 A、B，若 A 是被处理的图像，B 是用来处理 A 的图像，则称 B 为结构元素。结构元素通常指一些比较小的图像。A 与 B 的关系类似于滤波中图像和模板的关系。

5. 二值图像

在数学形态学中，一幅二值图像可以看成 x 和 y 的一个二值函数：

$$C(x, y) = \begin{cases} 1 & \text{若} A(x, y) \text{或} B(x, y) \text{为 1，或是均为 1} \\ 0 & \text{其他} \end{cases} \tag{3-2}$$

同时，形态学理论把二值图像看成前景像素的集合(值为 1 或白色)，集合的元素属于 $\mathbf{Z}^2$。集合的运算(例如集合的并集和交集)也可以直接应用于二值图像集合。例如，若 A 和 B 是二值图像，则 $C = A \bigcup B$ 仍是一幅二值图像，若 A 和 B 中相应的像素是前景像素，则 C

中的这个像素也是前景像素。

3.2 二值图像的形态学处理

腐蚀和膨胀是图像处理中两种最基本的也是最重要的形态学运算，其他的形态学运算也都是由这两种基本运算复合而成的。

3.2.1 腐蚀

1. 理论基础

集合 A 被集合 B 腐蚀表示为 $A\Theta B$，数学形式为

$$A\Theta B = \{x : B + x \subset A\} \tag{3-3}$$

式中，A 称为输入图像，B 称为结构元素。

$A\Theta B$ 由 B 平移 x 仍包含在 A 内的所有点 x 组成。如果将 B 看作模板，则在平移模板的过程中，$A\Theta B$ 由所有可以添入 A 内模板的原点组成。腐蚀可以消除图像边界点，是边界向内部收缩的过程，如图 3-2 所示。

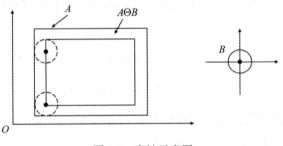

图 3-2　腐蚀示意图

如果原点在结构元素内部，则腐蚀后的图像为输入图像的子集；如果原点不在结构元素的内部，则腐蚀后的图像可能不在输入图像的内部，但输出形状不变。

2. 腐蚀运算的 Python 实现

腐蚀是一种基本的形态学操作，它可以缩小前景对象的大小，平滑对象边界，并删除小于结构元素的图形和对象。使用 scikit-image 形态学模块中的 binary_erosion()函数可计算二值图像的腐蚀(在调用函数之前需要创建一个二值输入图像)。具体代码如下：

```
#模块导入
from skimage.io import imread
from skimage.color import rgb2gray
import matplotlib.pylab as pylab
from skimage.morphology import binary_erosion, rectangle
```

```
#定义输出结果显示函数
def plot_image(image, title="):
    pylab.title(title,size=20),pylab.imshow(image)
    pylab.axis('off')                   #如果需要输出图像坐标轴上的刻度，请注释这一行

im=rgb2gray(imread('时钟.jpg'))      #读取图像
im[im<=0.5]=0                        #创建固定阈值为 0.5 的二值图像
im[im>0.5]=1
pylab.gray()
pylab.figure(figsize=(20,10))
pylab.subplot(1,3,1),plot_image(im,'Original')
#矩形大小为(1,5)的腐蚀：参数 1 为输入图像，参数 2 为二维数组，控制腐蚀区域大小
im1=binary_erosion(im,rectangle(1,5))
pylab.subplot(1,3,2),plot_image(im1,'erosion with rectangle size5')
#矩形大小为(1,15)的腐蚀
im1=binary_erosion(im,rectangle(1,15))
pylab.subplot(1,3,3),plot_image(im1,'erosion with rectangle size15')
pylab.show()
```

　　运行上述代码，输出结果如图 3-3 所示。更直观来说，设定好结构元素尺寸的腐蚀可形象化为一个长且垂直的矩形，先腐蚀二值时钟图像中的小刻度，然后用一个更高的垂直矩形腐蚀时钟指针。

Original　　　　　　　erosion with rectangle size 5　　erosion with rectangle size 15

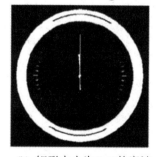

　　(a) 原图　　　　　　　(b) 矩形大小为(1,5)的腐蚀　　　　(c) 矩形大小为(1,15)的腐蚀

图 3-3　二值图像腐蚀运算实例

3.2.2　膨胀

1. 理论基础

　　膨胀是指将二值图像"加长"或"变粗"的操作。这种加长的形式和变粗的程度由结构元素控制。

　　膨胀是腐蚀运算的对偶运算，A 被 B 膨胀表示为 $A \oplus B$，其定义为

$$A \oplus B = \left[A^C \Theta(-B) \right]^C \tag{3-4}$$

为了利用结构元素 B 膨胀集合 A，可将 B 相对于原点旋转 $180°$ 得到 $-B$，再利用 $-B$ 对 A 进行腐蚀，腐蚀结果的补集即为膨胀运算结果。膨胀可以填充图像内部的小孔及图像边缘处的小凹陷部分，并能磨平图像向外的尖角，如图 3-4 所示。

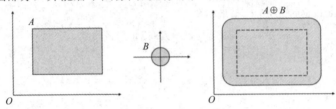

图 3-4　膨胀示意图

2. 膨胀运算的 Python 实现

膨胀是另一种基本的形态学操作，可以扩展前景对象的大小，平滑对象边界，并填充二值图像中的孔和缝隙。下面介绍使用 scikit-image 形态学模块中的 binary_dilation() 函数在常见字母、数字的二值图像上采用不同尺寸的结构元素进行膨胀操作。具体代码如下：

```python
#模块导入
import matplotlib.pylab as pylab
from skimage.io import imread
from skimage.morphology import binary_dilation, disk
from skimage import img_as_float
#读取图像
im = img_as_float(imread('字母数字.jpg'))
im =im[...,2]
im[im <= 0.5] = 0                          #创建固定阈值为 0.5 的二值图像
im[im > 0.5] = 1
pylab.gray()
pylab.figure(figsize=(18,9))
pylab.subplot(131)
pylab.imshow(im)
pylab.title('Original', size=20)
pylab.axis('off')
#对二值图像进行不同结构元素尺寸的膨胀运算
for d in range(1,3):
    pylab.subplot(1,3,d+1)
    im1 = binary_dilation(im, disk(2*d))     #参数 1 为输入图像，参数 2 控制膨胀区域大小
    pylab.imshow(im1)
    pylab.title('dilation with disk size ' + str(2*d), size=20)
    pylab.axis('off')
```

pylab.show()

运行上述代码，输出结果如图 3-5 所示。由图可以看到，使用较小尺寸的结构元素，去掉了图中字母和数字的一些小细节，而使用较大尺寸的结构元素，所有小间隙都被填充。

| (a) 原图 | (b) 结构元素尺寸为 2 的膨胀 | (c) 结构元素尺寸为 4 的膨胀 |

图 3-5 二值图像膨胀运算实例

3.2.3 开、闭运算

1. 理论基础

开运算和闭运算都是由腐蚀和膨胀复合而成的，开运算是先腐蚀后膨胀，而闭运算是先膨胀后腐蚀。

利用结构元素 B 对输入图像 A 进行开运算用符号表示为 $A \circ B$，其定义为

$$A \circ B = (A \ominus B) \oplus B \tag{3-5}$$

开运算是 A 先被 B 腐蚀，然后再被 B 膨胀的结果。开运算能够使图像的轮廓变得光滑，还能使狭窄的连接处断开并消除细毛刺。用圆盘对输入图像进行开运算如图 3-6 所示。

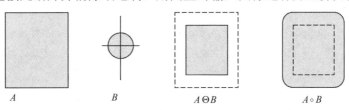

图 3-6 用圆盘对输入图像进行开运算

开运算还有一个简单的集合解释：假设将结构元素 B 看作一个转动的小球，$A \circ B$ 的边界由 B 中的点组成，当 B 在 A 的边界内侧滚动时，B 所能到达的 A 的边界最远点的集合就是开运算的区域。

闭运算是开运算的对偶运算，定义为先膨胀后腐蚀。利用 B 对 A 进行闭运算表示为 $A \bullet B$，定义为

$$A \bullet B = \left[A \oplus (-B) \ominus (-B) \right] \tag{3-6}$$

闭运算是先用 $-B$ 对 A 进行膨胀，再将其结果用 $-B$ 进行腐蚀。闭运算相比开运算也会

平滑一部分轮廓，但与开运算不同的是闭运算通常会弥合较窄的缝隙和细长的沟壑，还能消除小的孔洞并填充轮廓线的裂缝。用圆盘对输入图像进行闭运算如图 3-7 所示。

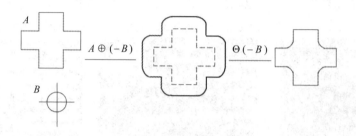

图 3-7　用圆盘对输入图像进行闭运算

闭运算有和开运算类似的集合解释：开运算和闭运算彼此对偶，所以闭运算是 B 在 A 外边界滚动，滚动过程中 B 始终不离开 A，此时 B 所能到达的最靠近 A 的外边界的位置就构成了闭运算的区域。

2. 开、闭运算的 Python 实现

开运算是一种形态学运算，是先腐蚀后膨胀运算的组合，可以从二值图像中删除小对象。相反，闭运算则是另一种形态学运算，是先膨胀后腐蚀运算的组合，它可以连接二值图像中原有目标的间断区域，填充小孔洞。这两个运算都是对偶运算。下面介绍如何使用 scikit-image 形态学模块的相应功能，分别在二值图像中实现开、闭运算。具体代码如下：

```
#模块导入
from skimage.io import imread
from skimage.color import rgb2gray
import matplotlib.pylab as pylab
from skimage.morphology import binary_opening, binary_closing,binary_erosion, binary_dilation, disk
#定义图片显示函数
def plot_image(image, title="):
    pylab.title(title,size=20),pylab.imshow(image)
    pylab.axis('off')      #如果需要输出图像坐标轴上的刻度，请注释这一行
#读取输入图像
im = rgb2gray(imread('点.jpg'))
im[im <= 0.5] = 0       #创建固定阈值为 0.5 的二值图像
im[im > 0.5] = 1
pylab.gray()
pylab.figure(figsize=(20,10))
pylab.subplot(1,3,1), plot_image(im, 'Original')
#对二值图像进行结构元素尺寸为 12 的开运算，参数 disk(12)控制开运算区域大小
im1 = binary_opening(im, disk(12))
pylab.subplot(1,3,2), plot_image(im1, 'opening with disk size ' + str(12))
#对二值图像进行结构元素尺寸为 6 的闭运算，
```

```
im1 = binary_closing(im, disk(6) )
pylab.subplot(1,3,3), plot_image(im1, 'closing with disk size ' + str(6) )
pylab.show()
```

运行上述代码，不同尺寸的结构元素通过二值图像的开、闭运算生成的结果如图 3-8 所示，开运算只保留了较大的圆圈，而闭运算则连接了一些间断的区域。

Original   opening with disk size 12   closing with disk size 6

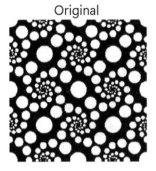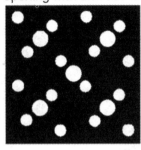

(a) 原图   (b) 结构元素尺寸为 12 的开运算   (c) 结构元素尺寸为 6 的闭运算

图 3-8　二值图像开、闭运算实例

此外，也可以使用其他函数实现小对象的删除，使用 remove_small_objects()函数可删除小于指定最小阈值的对象(指定的阈值越大，删除的对象越多)，具体代码如下：

```
#模块导入
import numpy as np
import matplotlib.pylab as pylab
from skimage.io import imread
from skimage.color import rgb2gray
from skimage.morphology import remove_small_objects
#定义输出结果显示函数
def plot_image(image, title=''):
    pylab.title(title,size=20),pylab.imshow(image)
    pylab.axis('off')                       #如果您想要坐标轴上的刻度，请注释这一行
im = rgb2gray(imread('点.jpg'))             #读取输入图像
im[im > 0.5] = 1                            #通过固定阈值为 0.5 的阈值分割生成二值图像
im[im <= 0.5] = 0
pylab.gray()
im = im.astype(bool)
pylab.figure(figsize=(20,20))
pylab.subplot(2,2,1), plot_image(im, 'Original')
#对不同尺寸的目标进行删除操作
i = 2
for osz in [50, 200, 500]:
    im1 = remove_small_objects(im, osz, connectivity=1)       #参数 osz 指定返回对象的最小阈值
```

```
pylab.subplot(2,2,i), plot_image(im1, 'removing small objects below size ' + str(osz))
i += 1
pylab.show()
```

运行上述代码，输出结果如图 3-9 所示。由图可以看到，指定的最小阈值越大，删除的对象越多。

Original

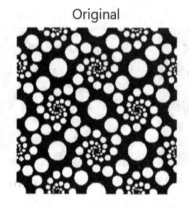

(a) 原图

removing small objects below size 50

(b) 删除尺寸小于 50 的小目标

removing small objects below size 200

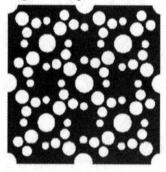

(c) 删除尺寸小于 200 的小目标

removing small objects below size 500

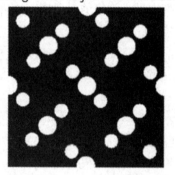

(d) 删除尺寸小于 500 的小目标

图 3-9　删除小对象实例

3.2.4　骨架化

1. 理论基础

"骨架"是指一幅图像的"骨骼"部分，描述了物体的几何形状和拓扑结构。计算骨架的过程一般称为细化或骨架化，在包括文字识别、工业零件形状识别以及印刷电路板自动检测在内的很多应用中，骨架化都发挥着关键作用。

二值图像 A 的形态学骨架可以通过选定合适的结构元素 B，对 A 进行连续腐蚀和开运算求得。设 $S(A)$ 表示 A 的骨架，则求图像 A 的骨架的表达式为

$$S(A) = \bigcup_{k=0}^{K} S_k(A)$$

(3-7)

式中，
$$S_k(A) = (A \Theta kB) - (A \Theta kB) \circ B \tag{3-8}$$

式(3-7)至式(3-8)中，$S_k(A)$ 是 A 的第 k 个骨架子集，K 是 $(A \Theta kB)$ 运算将 A 腐蚀成空集前的最后一次迭代次数，即

$$K = \max\{k \mid (A \Theta kB)\} \neq \varnothing \tag{3-9}$$

其中，$A \Theta kB$ 表示连续 k 次用 B 对 A 进行腐蚀，即

$$(A \Theta kB) = ((\cdots(A \Theta B) \Theta B) \Theta \cdots) \Theta B \tag{3-10}$$

2. 骨架化的 Python 实现

形态学骨架化操作可将二值图像中的每个连接组件简化为单个像素宽的骨架，使用 scikit-image 形态学模块中的 skeletonize()函数可实现二值图像的骨架化，具体代码如下：

```python
#模块导入
import matplotlib.pylab as pylab
from skimage.io import imread
from skimage import img_as_float
from skimage.morphology import skeletonize
#定义输出结果显示函数
def plot_image(image, title=''):
    pylab.title(title,size=20),pylab.imshow(image)
    pylab.axis('off')                #如果需要坐标轴上的刻度，请注释这一行
def plot_images_horizontally(original, filtered, filter_name, sz=(18,7)):
    pylab.gray()
    pylab.figure(figsize = sz)
    pylab.subplot(1,2,1), plot_image(original, Original')
    pylab.subplot(1,2,2), plot_image(filtered, filter_name)
    pylab.show()
#读取输入图像
im = img_as_float(imread('恐龙.jpg')[...,2])
threshold = 0.5
im[im <= threshold] = 0              #通过固定阈值为0.5的阈值分割生成二值图像
im[im > threshold] = 1
#骨架化处理
skeleton = skeletonize(im)
plot_images_horizontally(im, skeleton, 'skeleton',sz=(18,9))
```

运行上述代码，输出结果如图 3-10 所示。

(a) 原图 (b) 骨架化处理

图 3-10 二值图像骨架化实例

3.2.5 边界提取

1. 理论基础

若要在二值图像中提取物体的边界，容易想到的一个方法是将所有物体内部的点删除(置为背景色)。逐行扫描原图像时如果发现一个黑点的 8 个邻域都是黑点，那么该点为内部点。对于内部点，需要在目标图像上将其删除，这相当于采用一个 3 × 3 的结构元素对原图像进行腐蚀，只有 8 个邻域都是黑点的内部点才会被保留，再用原图像减去腐蚀后的图像，这样就恰好删除了这些内部点保留了边界，边界提取过程如图 3-11 所示。

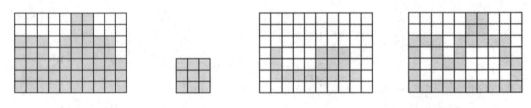

(a) 原图 A   (b) 腐蚀的结构元素 B   (c) A 被 B 腐蚀   (d) 用 A 减去图(c)中的腐蚀图像

图 3-11 边界提取过程

腐蚀、膨胀常用于计算区域的边界。计算出轮廓的真实边界需要复杂的算法，但计算出一个边界近似值则非常容易。如果计算内边界，只需对区域进行适当的腐蚀，然后从原区域减去腐蚀后的区域即可。

2. 边界提取的 Python 实现

腐蚀运算可以用来提取二值图像的边界，只需要从输入的二值图像中减去腐蚀图像即可实现。提取二值图像的边界的代码如下：

```
#模块导入
import matplotlib.pylab as pylab
from skimage.io import imread
from skimage.color import rgb2gray
from skimage.morphology import binary_erosion
#定义输出结果显示函数
```

```
def plot_image(image, title=''):
    pylab.title(title,size=20),pylab.imshow(image)
    pylab.axis('off')          #如果需要坐标轴上的刻度，请注释这一行
def plot_images_horizontally(original, filtered, filter_name, sz=(18,7)):
    pylab.gray()
    pylab.figure(figsize = sz)
    pylab.subplot(1,2,1), plot_image(original, 'Original')
    pylab.subplot(1,2,2), plot_image(filtered, filter_name)
    pylab.show()
#读取输入图像
im = rgb2gray(imread('边界提取.jpg'))
threshold = 0.5
im[im < threshold] = 0        #通过固定阈值为 0.5 的阈值分割生成二值图像
im[im >= threshold] = 1
#对二值图像进行边界提取
boundary = im - binary_erosion(im)
plot_images_horizontally(im, boundary, 'boundary',sz=(18,9))
```

运行上述代码，输出结果如图 3-12 所示。

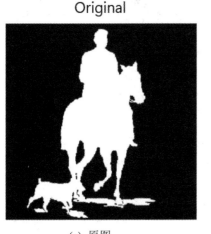

(a) 原图   (b) 边界

图 3-12 边界提取实例

3.2.6 孔洞填充

1. 理论基础

一个孔洞可以定义为由前景像素相连接的边界所包围的背景区域。

本节将针对填充图像的孔洞介绍一种基于膨胀、求补集和交集的算法。A 表示一个集合，其元素是 8 连通的边界，每个边界合围一个背景区域(即一个孔洞)，在每一个孔洞中给定一个点，然后从该点开始填充整个边界包围的区域，公式如下：

$$X_k = (X_{k-1} \oplus B) \bigcap A^C \tag{3-11}$$

式中，B 是结构元素。如果 $X_k = X_{k-1}$，则算法在第 k 步迭代结束，集合 X_k 包含了所有被填充的孔洞。X_k 和 A 的并集包含了所有填充的孔洞及这些孔洞的边界。

　　如果不加限制，式(3-11)中的膨胀可以填充整个区域，然而每一步中与 A^C 的交集操作都把结果限制在特定的区域内，过程如图 3-13 所示。

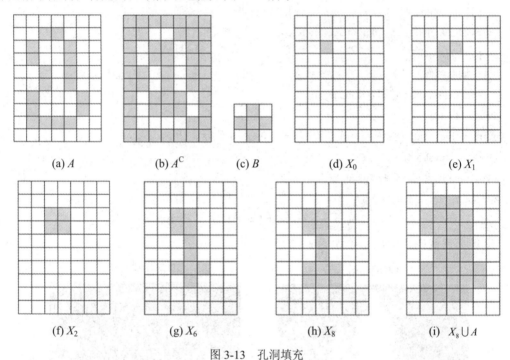

$$\text{(a) } A \qquad \text{(b) } A^C \qquad \text{(c) } B \qquad \text{(d) } X_0 \qquad \text{(e) } X_1$$

$$\text{(f) } X_2 \qquad \text{(g) } X_6 \qquad \text{(h) } X_8 \qquad \text{(i) } X_8 \bigcup A$$

图 3-13　孔洞填充

2. 孔洞填充的 Python 实现

　　SciPy 库 ndimage.morphology 形态学模块中的 binary_fill_holes()函数可以用来实现上述对二值图像的孔洞填充，不同尺寸的结构元素在输入二值图像上的孔洞填充操作的具体代码如下所示：

```
#模块导入
import numpy as np
from skimage.io import imread
import matplotlib.pylab as pylab
from skimage.color import rgb2gray
from scipy import ndimage
from scipy.ndimage.morphology import binary_fill_holes
#读取输入图像
im = rgb2gray(imread('字母数字.jpg '))
im[im <= 0.5] = 0          #通过固定阈值为 0.5 的阈值分割生成二值图像
im[im > 0.5] = 1
```

```
pylab.gray()
pylab.figure(figsize=(20,15))
pylab.subplot(221), pylab.imshow(im), pylab.title('Original',size=20),pylab.axis('off')
#对二值图像进行不同尺寸的结构元素孔洞填充操作
i = 2
for n in [3,5,7]:
    pylab.subplot(2, 2, i)
    #参数 structure 控制孔洞填充大小
    im1 = binary_fill_holes(im, structure= np.ones((n,n)))
    pylab.imshow(im1), pylab.title(' binary_fill_holes with structure square side ' + str(n), size=20)
    pylab.axis('off')
    i += 1
pylab.show()
```

运行上述代码，输出结果如图 3-14 所示。由图可以看到，结构元素的尺寸越大，填充的孔数越少。

(a) 原图　　　　　　　　　　(b) 孔洞填充(结构元素尺寸为3)

(c) 孔洞填充(结构元素尺寸为5)　　　(d) 孔洞填充(结构元素尺寸为7)

图 3-14　孔洞填充实例

3.2.7 白顶帽与黑顶帽变换

1. 理论基础

图像相减与开运算和闭运算相结合会产生白、黑顶帽变换。二值图像 f 的白顶帽变换定义为 f 减去 f 的开运算：

$$\text{WThat}(f) = f - (f \circ g) \tag{3-12}$$

图像的白顶帽可用于计算比结构元素更小的亮点，定义为原始图像与其形态学开运算的差值图像，返回图像中小于结构元素的亮点。图像的黑顶帽可用于计算比结构元素更小的黑点，定义为原始图像与其形态学闭运算的差值图像，此操作返回图像中小于结构元素的黑点。需要注意，原始图像中的黑点是完成黑顶帽操作后的亮点。

二值图像 f 的黑顶帽变换定义为 f 减去 f 的闭运算：

$$\text{BThat}(f) = f - (f \bullet g) \tag{3-13}$$

上述变换的主要应用之一是用一个结构元素通过开运算或闭运算，从一幅图像中删除物体，而不是拟合被删除的物体，然后进行差运算得到一幅仅保存相应分量的图像。

2. 白顶帽与黑顶帽变换的 Python 实现

使用 scikit-image 模块中 morphology() 函数可对输入的二值图像进行白顶帽与黑顶帽变换操作，具体代码如下：

```python
#模块导入
from skimage.io import imread
import matplotlib.pylab as pylab
from skimage.morphology import white_tophat, black_tophat, square
#定义输出结果显示函数
def plot_image(image, title=' '):
    pylab.title(title,size=20),pylab.imshow(image)
    pylab.axis('off')# comment this line if you want axis ticks
#读取输入图像
im = imread('时钟.jpg')[...,2]
im[im <= 0.5] = 0          #通过固定阈值为 0.5 的阈值分割生成二值图像
im[im > 0.5] = 1
pylab.gray()
#对二值图像进行白顶帽变换，变换效果可通过参数变化调整
im1 = white_tophat(im, square(30))
#对二值图像进行黑顶帽变换，变换效果可通过参数变化调整
im2 = black_tophat(im, square(30))
#输出结果显示
pylab.figure(figsize=(20,15))
```

```
pylab.subplot(1,2,1), plot_image(im1, 'white tophat')
pylab.subplot(1,2,2), plot_image(im2, 'black tophat')
pylab.show()
```

运行上述代码，输出结果如图 3-15 所示。

Original	white tophat	black tophat
		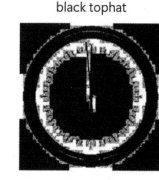
(a) 原图	(b) 白顶帽	(c) 黑顶帽

图 3-15 白杨帽与黑顶帽变换实例

3.3 灰度图像的形态学处理

本节中，将会把二值图像相关腐蚀、膨胀、开运算、闭运算的基本操作扩展到灰度图像。下面介绍相关概念。

(1) g 在 f 的下方。g 的定义域是 f 定义域的子集，对于定义域内任意一点 x，都有 $g(x) \leqslant f(x)$，则称 g 在 f 的下方，记为 $g \ll f$。

(2) 平移。信号 f 的图形可以按两种方式移动，即水平移动和垂直移动。将信号 f 向右水平移动 x，称为移位，可以写成 $f_x(z) = f(z-x)$；将信号 f 垂直移动 y，称为偏移，可以写成 $(f+y)(z) = f(z)+y$。当移位和偏移同时存在时，可得到形态学平移 $f_x + y$ 定义，即

$$(f_x + y)(z) = f(z-x) + y \tag{3-14}$$

(3) 反射。若 h 为定义域内的一个信号，则 h 对原点的反射定义为

$$h^\wedge(x) = -h(-x) \tag{3-15}$$

信号的反射是指原信号先纵轴反射，然后再横轴反射。

3.3.1 灰度腐蚀

1. 理论基础

利用结构元素 g 对信号 f 的腐蚀定义为

$$(f \ominus g)(x) = \max\{y : g_x + y \ll f\} \tag{3-16}$$

从几何角度讲，为了求出信号被结构元素在点 x 腐蚀的结果，可在空间平移这个结构元素，使其原点与点 x 重合，然后向上平移结构元素，结构元素仍处于信号下方所能达到的最大值，即为该点的腐蚀结果。由于结构元素必须在信号的下方，故空间平移结构元素的定义域必为信号定义域的子集，否则腐蚀在该点将没有意义。利用半圆形结构元素 g 对信号 f 的腐蚀如图 3-16 所示。

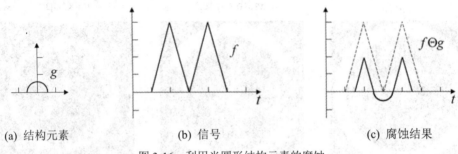

(a) 结构元素　　　　　　　(b) 信号　　　　　　　(c) 腐蚀结果

图 3-16　利用半圆形结构元素的腐蚀

向上平移结构元素求出式(3-16)的最大值只是计算灰度腐蚀的一种方法，还可以通过计算在平移结构元素的定义域上的信号值与平移结构元素之间的最小差值得到灰度腐蚀。这是因为这个最小值与上平移结构元素的最大值是相等的。因此灰度腐蚀的等价定义为

$$(f \Theta g)(x) = \min\{f(z) - g(z) : z \in D[g_x]\} \tag{3-17}$$

2. 灰度腐蚀的 Python 实现

灰度腐蚀类似于"领域被蚕食"，将图像中的高亮区域或白色部分进行缩减细化，其运行结果显示的高亮区域比原图更小。对灰度图像应用形态学灰度腐蚀操作的具体代码如下所示：

```
# 模块导入
import matplotlib.pylab as pylab
from skimage.io import imread
from skimage.color import rgb2gray
from skimage.morphology import dilation, erosion, closing, opening, square
# 定义输出结果显示函数
def plot_image(image, title=''):
    pylab.title(title,size=20),pylab.imshow(image)
    pylab.axis('off') # comment this line if you want axis ticks
def plot_images_horizontally(original, filtered, filter_name, sz=(18,7)):
    pylab.gray()
    pylab.figure(figsize = sz)
    pylab.subplot(1,2,1), plot_image(original, 'Original')
    pylab.subplot(1,2,2), plot_image(filtered, filter_name)
    pylab.show()
#读取输入图像
```

```
im = imread('斑马.jpg')

im = rgb2gray(im)

#对输入图像进行灰度腐蚀操作

struct_elem = square(5)

eroded = erosion(im, struct_elem)    # 参数 struct_elem 控制腐蚀区域大小

plot_images_horizontally(im, eroded, 'erosion')
```

运行上述代码，输出结果如图 3-17 所示。由图可以看到，斑马图像的黑色条纹因腐蚀而变宽。

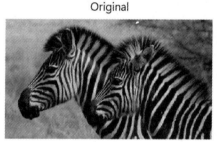
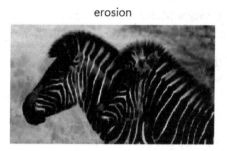

（a）原图　　　　　　　　　　　　　　　（b）灰度腐蚀图像

图 3-17　灰度腐蚀实例

3.3.2　灰度膨胀

1. 理论基础

灰度膨胀也可用灰度腐蚀的对偶运算来定义，即利用结构元素的反射求信号限制在结构元素的定义域时，向上平移结构元素使其超过信号时的最小值来定义灰度膨胀。f 被 g 膨胀可逐点定义为

$$(f \oplus g)(x) = \min\{y : (g^\wedge)_x + y \gg f\} \tag{3-18}$$

前面关于定义域的限制对于该定义依然适用。图 3-18 给出了通过向上平移结构元素对信号进行膨胀的结果。

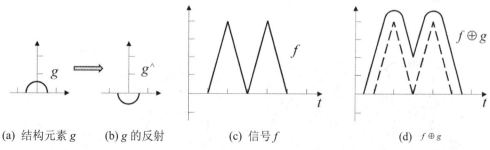

（a）结构元素 g　　（b）g 的反射　　　　（c）信号 f　　　　　　（d）$f \oplus g$

图 3-18　利用半圆形结构元素的膨胀示意图

与灰度腐蚀类似，可以通过平移结构元素，使其原点与信号点 x 重合，然后对信号上的每一个点求与结构元素之和的最大值得到灰度膨胀，即

$$(f \oplus g)(x) = \max\{g(z - x) + f(x) : x \in D[f]\} \tag{3-19}$$

2. 灰度膨胀的 Python 实现

灰度膨胀类似于"领域扩张",将图像中的高亮区域或白色部分进行扩张,其运行结果显示的高亮区域比原图更大,对灰度图像应用灰度膨胀的具体代码如下所示:

```python
#模块导入
import matplotlib.pylab as pylab
from skimage.io import imread
from skimage.color import rgb2gray
from skimage.morphology import dilation, erosion, closing, opening, square
#定义输出结果显示函数
def plot_image(image, title="):
    pylab.title(title,size=20),pylab.imshow(image)
    pylab.axis('off')# comment this line if you want axis ticks
def plot_images_horizontally(original, filtered, filter_name, sz=(18,7)):
    pylab.gray()
    pylab.figure(figsize = sz)
    pylab.subplot(1,2,1), plot_image(original, 'Original')
    pylab.subplot(1,2,2), plot_image(filtered, filter_name)
    pylab.show()
#读取输入图像
im = imread('斑马.jpg')
im = rgb2gray(im)
# 对输入图像进行灰度膨胀操作
struct_elem = square(5)
dilated = dilation(im, struct_elem)        #参数 struct_elem 控制膨胀区域大小
plot_images_horizontally(im, dilated, 'dilation')
```

运行上述代码,输出结果如图 3-19 所示。由图可以看到,斑马图像的黑色条纹因膨胀而变窄。

(a) 原图　　　　　　　　　　　　　　　　　(b) 灰度膨胀图像

图 3-19　灰度膨胀实例

3.3.3　灰度开、闭运算

1. 理论基础

与二值形态学类似，可以在灰度腐蚀和灰度膨胀的基础上定义灰度开、闭运算。灰度开运算就是先灰度腐蚀后灰度膨胀，而灰度闭运算就是先灰度膨胀后灰度腐蚀。下面给出灰度开运算的定义。

使用结构元素 g 对灰度图像 f 进行灰度开运算，记做 $f \circ g$ ，表示为

$$f \circ g = (f \Theta g) \oplus g \tag{3-20}$$

图 3-20 示出了结构元素 g 对信号 f 进行灰度开运算的过程示意图。从图中可以看出，开运算可以滤掉信号向上的小噪声，且保持信号的基本形状不变。噪声的滤除效果与所选结构元素的大小和形状有关。

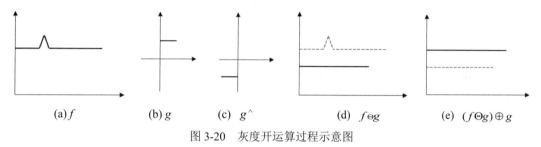

(a)f　　　　(b)g　　　　(c)　$g^{\wedge}$　　　　(d)　$f \Theta g$　　　　(e)　$(f \Theta g) \oplus g$

图 3-20　灰度开运算过程示意图

灰度闭运算是灰度开运算的对偶运算，即先灰度膨胀后灰度腐蚀运算。使用结构元素 g 对灰度图像 f 进行灰度闭运算，记作 $f \bullet g$ ，表示为

$$f \bullet g = (f \oplus g) \Theta g \tag{3-21}$$

图 3-21 示出了利用图 3-20 中的结构元素对图 3-21(a)所示信号 f 进行灰度闭运算的过程示意图，从图中可以看出，灰度闭运算可以滤掉向下的小噪声，且保持信号的基本形状不变。与开运算相同，结构元素的选择也会影响滤波的效果。

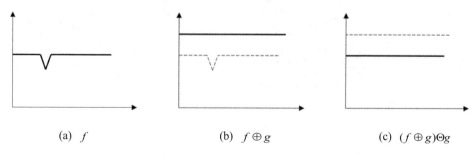

(a)　f　　　　　　(b)　$f \oplus g$　　　　　　(c)　$(f \oplus g) \Theta g$

图 3-21　灰度闭运算过程示意图

2. 灰度开、闭运算的 Python 实现

一般来说，灰度开运算用于去除比结构元素更小的亮点，同时保持所有的灰度级和较大的亮区特性相对不变。在输入的灰度图像上应用形态学灰度开运算的具体代码如下：

```
#模块导入
import matplotlib.pylab as pylab
from skimage.io import imread
from skimage.color import rgb2gray
from skimage.morphology import dilation, erosion, closing, opening, square
#定义输出结果显示函数
def plot_image(image, title=''):
    pylab.title(title,size=20),pylab.imshow(image)
    pylab.axis('off')# comment this line if you want axis ticks
def plot_images_horizontally(original, filtered, filter_name, sz=(18,7)):
    pylab.gray()
    pylab.figure(figsize = sz)
    pylab.subplot(1,2,1), plot_image(original, 'Original')
    pylab.subplot(1,2,2), plot_image(filtered, filter_name)
    pylab.show()
#读取输入图像
im = imread('斑马.jpg')
im = rgb2gray(im)
#对输入图像进行灰度开运算操作
struct_elem = square(5)
opened = opening(im, struct_elem)   # 参数 struct_elem 控制开运算区域大小
plot_images_horizontally(im, opened, 'opening')
```

　　运行上述代码，输出结果如图 3-22 所示。由图可以看到，输出结果虽然去掉了一些细小的白色条纹，但黑色条纹的宽度并没有因灰度开运算而改变。

(a) 原图　　　　　　　　　　　　　　　　(b) 灰度开运算图像

图 3-22　灰度开运算实例

　　灰度闭运算可用于去除比结构元素更小的暗色细节，在相同的输入灰度图像上应用形态学灰度级闭运算的具体代码如下：

```
#模块导入
import matplotlib.pylab as pylab
from skimage.io import imread
```

```
from skimage.color import rgb2gray

from skimage.morphology import dilation, erosion, closing, opening, square

#定义输出结果显示函数

def plot_image(image, title="):

    pylab.title(title,size=20),pylab.imshow(image)

    pylab.axis('off')# comment this line if you want axis ticks

def plot_images_horizontally(original, filtered, filter_name, sz=(18,7)):

    pylab.gray()

    pylab.figure(figsize = sz)

    pylab.subplot(1,2,1), plot_image(original, 'Original')

    pylab.subplot(1,2,2), plot_image(filtered, filter_name)

    pylab.show()

#读取输入图像

im = imread('斑马.jpg')

im = rgb2gray(im)

#对输入图像进行灰度闭运算操作

struct_elem = square(5)

closed = closing(im, struct_elem)

plot_images_horizontally(im, closed, 'closing')
```

运行上述代码，输出结果如图 3-23 所示。由图可以看到，输出结果虽然去掉了一些细小的黑色条纹，但白色条纹的宽度并没有因灰度闭运算而改变。

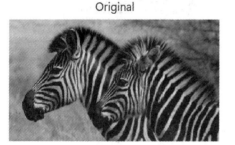

(a) 原图　　　　　　　　　　　　　　　　　　　(b) 灰度闭运算图像

图 3-23　灰度闭运算实例

3. 采用开、闭运算去噪

由于开运算可以去除比结构元素更小的明亮细节，闭运算可以去除比结构元素更小的暗色细节，所以经常将二者组合在一起用来平滑图像并去除噪声。利用灰度开运算与灰度闭运算从灰度图像中去除椒盐噪声的具体代码如下：

```
#模块导入

import matplotlib.pylab as pylab

from skimage.io import imread

from skimage.color import rgb2gray
```

```
from scipy import ndimage
#读取输入图像
im = rgb2gray(imread('椒盐噪声.jpg'))
pylab.gray()
#对输入图像进行灰度开运算操作，具体效果可由参数变化调整
im_o = ndimage.grey_opening(im, size=(3,3))
#对输入图像进行灰度闭运算操作，具体效果可由参数变化调整
im_c = ndimage.grey_closing(im, size=(3,3))
#对输入图像同时进行灰度开、闭运算操作，具体效果可由参数变化调整
im_oc = ndimage.grey_closing(ndimage.grey_opening(im, size=(4,4)),size=(4,4))
#输出结果显示
pylab.figure(figsize=(20,20))
pylab.subplot(221), pylab.imshow(im), pylab.title('yuan tu', size=20),pylab.axis('off')
pylab.subplot(222), pylab.imshow(im_o), pylab.title('opening (removes salt)', size=20), pylab.axis('off')
pylab.subplot(223), pylab.imshow(im_c), pylab.title('closing (removes pepper)', size=20),pylab.axis('off')
pylab.subplot(224), pylab.imshow(im_oc), pylab.title('opening + closing(removes salt + pepper)', size=20)
pylab.axis('off')
pylab.show()
```

运行上述代码，输出结果如图 3-24 所示。

(a) 原图

(b) 灰度开运算(去除椒盐噪声)

(c) 灰度闭运算(去除椒盐噪声)

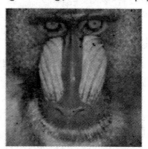

(d) 灰度开、闭运算(去除椒盐噪声)

图 3-24　采用灰度开、闭运算去噪实例

本 章 小 结

　　本章主要介绍了数学形态学的基础知识以及二值图像的形态学处理，包括腐蚀，膨胀，开、闭运算，骨架化，边界提取，孔洞填充以及白顶帽与黑顶帽变换等；同时将二值形态学的理论推广到灰度图像上介绍灰度图像的形态学处理，包括灰度腐蚀，灰度膨胀，灰度开、闭运算等。针对二值图像和灰度图像的腐蚀、膨胀等基本操作可以组合使用，以应用到非常宽泛的领域中。形态学处理在图像处理过程中扮演着重要角色。

习　　题

　　1. 说明开运算与闭运算的特点以及它们对图像处理的作用。

　　2. 使用 binary_erosion()函数和 binary_expand()函数替换 3.2.3 节开、闭运算的 Python 实例中的 binary_opening()函数和 binary_closing()函数，使用相同的结构元素比较腐蚀开运算和膨胀闭运算，观察与开、闭运算结果的区别。

　　3. 梯度用于刻画目标边界或边缘位于图像灰度级剧烈变化的区域，可增强结构元素领域中像素的强度，突出高亮区域的外围。形态学 Beucher 梯度计算可定义为输入灰度图像的灰度膨胀运算与灰度腐蚀运算的差值图像，SciPy 的 ndimage 也提供了一个计算灰度图像形态学梯度的函数，请使用以上相关函数对"熊猫.jpg"(如图 3-25 所示)进行灰度图像形态学梯度计算。

图 3-25　熊猫.jpg

第 4 章　局部图像特征提取

　　一般从一幅图像的数据中是很难得到任何有用信息的，所以必须根据这些数据提取出图像中的关键信息以及它们的关系，这就是图像特征提取。图像特征提取是图像分析、图像识别和匹配的前提，是将高维的图像数据进行简化表达的最有效方式。

　　图像特征一般包括全局特征(如颜色特征、纹理特征、形状特征)以及局部特征等。其中颜色、纹理等大部分全局特征容易受到环境的干扰，光照、旋转、噪声等不利因素都会影响全局特征。相较而言，局部特征往往对应着图像中的一些线条交叉，明暗变化的结构，具有很好的稳定性，不容易被遮挡和受外界环境的干扰，适用于对图像进行匹配、检索等应用，所以对于图像特征提取，一般都是指局部特征提取。而局部特征提取，通常配合局部图像描述符来进行，最后进行特征匹配以实现图像匹配。

　　本章主要讨论特征检测器和描述符，以及不同类型的特征检测/提取器在图像处理中的各种应用。首先，定义特征检测器和描述符；然后讨论一些主流的特征检测器及描述符，例如哈里斯(Harris)角点检测器、斑点检测器和尺度不变特征变换，同时讨论在 SciPy、scikit-image 和 python-opencv(cv2)等库中各特征检测器相关库函数的使用及其在图像匹配等重要图像处理任务中的应用。

4.1　特征检测器与描述符

　　在图像处理中，由于图像的全局特征(例如图像直方图)容易受到干扰，难以满足后续图像处理任务的要求。因此，实际上一般将图像描述为一组局部特征，对应于图像中的特征区域，例如角点、边缘和斑点。一方面，用这些稳定出现的点(角点、斑点等)代替整幅图像，可以大大降低图像原有携带的大量信息，起到减少计算量的作用；另一方面，即使物体在图像中受到干扰，一些冗余的信息(例如颜色变化平缓的部分和直线)被遮挡时，依然能够从未被遮挡的局部特征点上还原出重要的信息。局部特征从总体上说是图像中一些有别于其周围的地方，或者说是指一组与图像处理任务相关的关键点或信息，它们创建了一个抽象的、鲁棒性更好的图像表示。基于某种标准(例如角点、局部最大值、局部最小值等)从图像中选择一组特征(兴趣)点的算法称为特征检测器/提取器，特征提取的合适与否直接决定了后续分类、匹配是否会得到一个好的结果。

　　特征描述符是一个描述图像兴趣点(例如 HOG 特性、边缘特征)的向量值/算子，它以某种方式描述兴趣点周围的图像块，捕捉某些特性(例如强度和梯度)的局部分布。它可以像原始像素值一样简单，也可以更为复杂，例如渐变方向的直方图，主要应用于图像匹配

(视觉检测)。特征提取也可以看作将图像转换为一组特征描述符的操作。局部特征通常由兴趣点及描述符共同组成。

合适的局部特征应具备如下特点：

(1) 可重复性：不同图像相同区域应能被重复检测到，并且不受平移、旋转、缩放等的影响。

(2) 可区分性：应包含感兴趣的信息，不同的特征应能被描述符区分出来。

(3) 有效性：各种特征的数量应适当，同时拥有更高的特征提取效率。

(4) 鲁棒性：应该具有稳定性、不变性，不受噪声、模糊、遮挡、杂波和光照变化的干扰。

局部特征常被应用于许多图像处理任务中，例如图像估计、图像匹配、图像拼接(全景图)、目标检测和识别。局部特征提取的基本思想如图 4-1 所示。

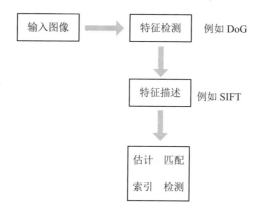

图 4-1　局部特征提取的基本思想

4.2　Harris 角点检测器

4.2.1　角点检测

1. 理论基础

Harris 角点检测算法是一种基于图像灰度的一阶导数矩阵检测的算法，相比其他特征提取算法较为简单。该算法的主要思想是局部自相似性/自相关性，即在某个局部窗口内的图像块与在各个方向微小移动后的窗口内图像块的相似性。如果像素周围显示存在多于一个方向的边，该点就被认为是兴趣点(特征点)，或者称为角点。

首先把图像域中点 x 上的对称半正定矩阵 $\boldsymbol{M}_I = \boldsymbol{M}_I(x)$ 定义为

$$\boldsymbol{M}_I = \nabla \boldsymbol{I} \nabla \boldsymbol{I}^{\mathrm{T}} = \begin{bmatrix} I_x \\ I_y \end{bmatrix} \begin{bmatrix} I_x & I_y \end{bmatrix} \tag{4-1}$$

式中，$\nabla \boldsymbol{I}$ 为包含导数 I_x 和 I_y 的图像梯度(图像导数用来描述图像中强度的变化，图像梯度

用来描述图像强度变化的强弱和每个像素上强度变化最大的方向)；M_I 的秩为 1，特征值为 $\lambda_1=|\nabla I|^2$ 和 $\lambda_2=0$。此时，用图像的每一个像素都可以计算出该矩阵。

然后选择权重矩阵 W(通常为高斯滤波器 G_σ)，可以得到卷积：

$$\overline{M_I} = W * M_I \tag{4-2}$$

该卷积的目的是得到 M_I 在周围像素上的局部平均。计算出的矩阵 $\overline{M_I}$ 称为 Harris 矩阵，W 的宽度决定了在像素 x 周围的感兴趣区域。用这种方式在区域附近对矩阵 M_I 取平均的原因是特征值会依赖于局部图像特性而变化。如果图像的梯度在该区域变化，那么 $\overline{M_I}$ 的第二个特征值将不再为 0。如果图像的梯度没有变化，$\overline{M_I}$ 的特征值也不会变化。

依据该区域 ∇I 的值，Harris 矩阵 $\overline{M_I}$ 的特征值有三种情况：

(1) 如果 λ_1 和 λ_2 都是很大的正数，则 x 点为角点；

(2) 如果 λ_1 很大，$\lambda_2 \approx 0$，则该区域内存在一个边，该区域内的 $\overline{M_I}$ 的特征值变化较小；

(3) 如果 $\lambda_1 \approx \lambda_2 \approx 0$，该区域内为空。

在不需要实际计算特征值的情况下，为了将重要情况和其他情况区分，Harris 和 Stephens(Harris 算子提出者)引入了指示函数：

$$R = \det(\overline{M_I}) - k \cdot \text{tr}(\overline{M_I})^2 \tag{4-3}$$

为了去除加权常数 k，一般通常使用商数：

$$R = \frac{\det(\overline{M_I})}{\text{tr}(\overline{M_I})^2} \tag{4-4}$$

作为 Harris 角点检测的指示函数。

2. Harris 角点检测算法的 Python 实现

对于 Harris 角点检测算法的实现，需要使用 scipy.ndimage.filters 模块中的高斯滤波器计算导数，高斯滤波器在检测过程中可以抑制噪声强度。首先，新建一个 harris.py 文件，将角点响应函数添加到 harris.py 文件中，该函数使用高斯导数实现，其中参数 σ (sigma) 定义了使用的高斯滤波器的尺度大小。读者也可以通过修改这个函数中 x 和 y 方向上不同的尺度参数以及平均操作中的不同尺度来计算 Harris 矩阵。

Harris 角点检测程序(保存在 harris.py 文件中)具体如下：

```
from scipy.ndimage import filters
def compute_harris_response(im,sigma=3):
    #在一幅灰度图像中，对每个像素计算 Harris 角点检测器响应函数
    #计算导数
    imx=zeros(im.shape)
    filters.gaussian_filter(im,(sigma,sigma),(0,1),imx)
    imy=zeros(im.shape)
    filters.gaussian_filter(im,(sigma,sigma),(1,0),imy)
```

```
#计算 Harris 矩阵的分量
Wxx=filters.gaussian_filter(imx*imx,sigma)
Wxy=filters.gaussian_filter(imx*imy,sigma)
Wyy = filters.gaussian_filter ( imy * imy , sigma )
#计算特征值和迹
Wdet = Wxx*Wyy - Wxy**2
Wtr=Wxx+Wyy
return Wdet/Wtr
```

上述程序会返回像素值为 Harris 响应函数值的一幅图像。Harris 角点检测算法需要从这幅图像中选出有用的信息，然后选取像素值高于阈值的所有图像点，再加上额外的限制，即角点之间的间隔必须大于设定的最小距离。为了实现该算法，首先需要获取所有的候选点，以角点响应函数值递减的顺序排序，然后将已标记的与角点位置过近的区域从候选点中删除。代码实现如下(将下面的函数添加到 harris.py 文件中)：

```
def get_harris_points(harrisim,min_dist=10,threshold=0.1):
    #从一幅 Harris 响应图像中返回角点，min_dist 为分割角点和图像边界的最少像素数目
    #寻找高于阈值的候选点
    corner_threshold=harrisim.max()*threshold
    harrisim_t=(harrisim>corner_threshold)*1
    #得到候选点的坐标
    coords=array(harrisim_t.nonzero()).T
    #得到候选点的 Harris 响应函数值
    candidate_values=[harrisim[c[0],c[1]] for c in coords]
    #对候选点按照角点响应函数值进行排序
    index=argsort(candidate_values)
    #将可行点的位置保存到数组中
    allowed_locations=zeros(harrisim.shape)
    allowed_locations[min_dist:-min_dist,min_dist:-min_dist]=1
    #按照 min_distance 原则，选择最佳 Harris 点
    filtered_coords=[]
    for i in index:
        if allowed_locations[coords[i,0],coords[i,1]]==1:
            filtered_coords.append(coords[i])
            allowed_locations[(coords[i,0]-min_dist):(coords[i,0]+min_dist),
            (coords[i,1]-min_dist):(coords[i,1]+min_dist)]=0
    return filtered_coords
```

以上就是检测图像中角点所需要的所有函数。此外，为了显示图像中的角点，需要使用 Matplotlib 模块绘制函数，并将其添加到 harris.py 文件中，代码如下：

```
def plot_harris_points(image,filtered_coords):
    #绘制图像中检测到的角点
    figure()
    gray()
    imshow(image)
    plot([p[1] for p in filtered_coords],[p[0] for p in filtered_coords],'*')
    axis('off')
    show()
```

接着使用上面定义的所有函数，运行如下代码：

```
import harris
from PIL import Image
from pylab import *
im=array(Image.open('building.jpg').convert('L'))          #读取图像并预处理
harrisim = harris.compute_harris_response(im)              #计算 Harris 角点检测器响应函数
filtered_coords=harris.get_harris_points(harrisim,6)       #返回角点
harris.plot_harris_points(im,filtered_coords)              #绘制角点
```

首先，导入相关模块读取图像，并转换成灰度图像。然后，计算响应函数，基于响应值选择角点。最后，在原始图像中覆盖绘制检测出的角点。绘制出的结果如图 4-2 所示。

(a) 原图   (b) 阈值为 0.01 的角点检测   (c) 阈值为 0.05 的角点检测 (d) 阈值为 0.1 的角点检测

图 4-2　角点检测结果

4.2.2　角点匹配

1. 理论基础

Harris 角点检测器仅能够检测出图像中的兴趣点，但是没有给出通过比较图像间的兴趣点来寻找匹配角点的方法，接下来需要在每个点上加入描述符信息，并给出一个比较这些描述符的方法。

兴趣点描述符是分配给兴趣点的一个向量，描述该点附近的图像的表观信息。描述符越具体，找到的对应点越准确。一般用对应点或者点的对应信息来描述相同物体和场景点

在不同图像上形成的像素点。

Harris 角点的描述符通常是由周围图像像素块的灰度值以及用于比较的归一化互相关矩阵构成的。图像的像素块由以该像素点为中心的周围矩形部分图像构成。

通常，两个(相同大小)像素块 $I_1(x)$ 和 $I_2(x)$ 的互相关矩阵定义为

$$c(I_1, I_2) = \sum_x f(I_1(x), I_2(x)) \tag{4-5}$$

式中，函数 f 随着相关方法的变化而变化。上式取像素块中所有像素位置 x 的和。对于互相关矩阵，函数 $f(I_1, I_2) = I_1 \cdot I_2$，因此，$c(I_1, I_2) = I_1 \cdot I_2$，其中"·"表示向量乘法(按照行或列堆积的像素)。$c(I_1, I_2)$ 的值越大，像素块 I_1 和 I_2 的相似度越高。

归一化的互相关矩阵是互相关矩阵的一种变形，可以定义为

$$c'(I_1, I_2) = \frac{1}{n-1} \sum_x \frac{(I_1(x) - \mu_1)}{\sigma_1} \cdot \frac{(I_1(x) - \mu_2)}{\sigma_2} \tag{4-6}$$

式中，n 为像素块中像素的数目；μ_1 和 μ_2 表示每个像素块中的平均像素值强度；σ_1 和 σ_2 分别表示每个像素块中的标准差。将像素块减去均值并除以标准差，使得该方法对图像亮度变化具有稳健性。

2. 角点匹配的 Python 实现

在图像匹配中，检测到图像中的兴趣点后，还需要跨越相同对象的不同图像(例如旋转后的图像)来匹配这些点。下面给出 Harris 角点匹配的相关程序(添加到 harris.py 文件中)，首先获取图像像素块，并使用归一化的互相关矩阵进行比较匹配，这里需要如下两个函数：

```
def get_descriptors(image,filtered_coords,wid=5):
    #对于每个返回的点，返回点周围 2*wid+1 个像素的值(假设选取点的 min_distance > wid)
    desc = []
    for coords in filtered_coords:
        patch = image[coords[0]-wid:coords[0]+wid+1,
            coords[1]-wid:coords[1]+wid+1].flatten()
        desc.append(patch)
    return desc


def match(desc1,desc2,threshold=0.5):
    #对于第一幅图像中的每个角点描述符，使用归一化互相关矩阵，选取其在第二幅图像中的匹配角点
    n = len(desc1[0])
    #点对的距离
    d = -ones((len(desc1),len(desc2)))
    for i in range(len(desc1)):
```

```
        for j in range(len(desc2)):
            d1 = (desc1[i] - mean(desc1[i])) / std(desc1[i])
            d2 = (desc2[j] - mean(desc2[j])) / std(desc2[j])
            ncc_value = sum(d1 * d2) / (n-1)
            if ncc_value > threshold:
                d[i,j] = ncc_value
    ndx = argsort(-d)          #按降序排列
    matchscores = ndx[:,0]
    return matchscores
```

第一个函数的参数为奇数长度的方形灰度图像块，该图像块的中心为处理的像素点。该函数将图像块像素值压平成一个向量，然后添加到描述符列表中。第二个函数使用归一化的互相关矩阵，将每个描述符匹配到另一个图像中的最优候选点。由于数值较高的距离代表两个点匹配更好，所以在排序之前对距离取相反数，使数据降序排列。为了进一步增加匹配的鲁棒性，可以反过来执行一次该操作，进行双向匹配，然后过滤掉双向匹配中效果未达到最好的匹配结果。具体实现程序如下(添加到 harris.py 文件中)：

```
def match_twosided(desc1,desc2,threshold=0.5):
    #双向对称版本的 match
    matches_12 = match(desc1,desc2,threshold)
    matches_21 = match(desc2,desc1,threshold)
    ndx_12 = where(matches_12 >= 0)[0]
    #去除非对称的匹配
    for n in ndx_12:
        if matches_21[matches_12[n]] != n:
            matches_12[n] = -1
    return matches_12
```

这些匹配结果可以通过在两幅图像中分别绘制出角点，并使用线段连接匹配的像素点来直观地可视化。下面两个函数的代码可以实现匹配点的可视化(将其添加到 harris.py 文件中)：

```
def appendimages(im1,im2):
    #返回将两幅图像并排拼接成的一幅新图像
    #选取具有最少行数的图像，然后填充足够的空行
    rows1 = im1.shape[0]
    rows2 = im2.shape[0]
    if rows1 < rows2:
        im1 = concatenate((im1,zeros((rows2-rows1,im1.shape[1]))),axis=0)
    elif rows1 > rows2:
        im2 = concatenate((im2,zeros((rows1-rows2,im2.shape[1]))),axis=0)
```

```
    #如果上述情况不存在，那么它们的行数相同，不需要进行填充
    return concatenate((im1,im2), axis=1)

def plot_matches(im1,im2,locs1,locs2,matchscores,show_below=True):
    #显示一幅带有连接匹配之间连线的图片，输入 im1、im2(数组图像)、locs1、locs2(特征位置)、
matchscores(match()的输出)、show_below(让图像显示在匹配图像的下方)
    im3 = appendimages(im1,im2)
    if show_below:
        im3 = vstack((im3,im3))
    imshow(im3)
    cols1 = im1.shape[1]
    for i,m in enumerate(matchscores):
        if m>0:
            plot([locs1[i][1],locs2[m][1]+cols1],[locs1[i][0],locs2[m][0]],'c')
    axis('off')
```

　　图 4-3 为使用归一化的互相关矩阵(在这个例子中，每个像素块的大小为 11×11)来匹配角点的例子，可以通过下面的命令实现：

```
import harris
from PIL import Image
from pylab import *
im1=array(Image.open('匹配 1.jpg').convert('L'))        #读取图像并预处理
im2=array(Image.open('匹配 2.jpg').convert('L'))        #读取图像并预处理
wid = 5
harrisim = harris.compute_harris_response(im1,5)
filtered_coords1 = harris.get_harris_points(harrisim,wid+1)
d1 = harris.get_descriptors(im1,filtered_coords1,wid)
harrisim = harris.compute_harris_response(im2,5)
filtered_coords2 = harris.get_harris_points(harrisim,wid+1)
d2 = harris.get_descriptors(im2,filtered_coords2,wid)
print('开始匹配')
matches = harris.match_twosided(d1,d2)
figure()
gray()
harris.plot_matches(im1,im2,filtered_coords1,filtered_coords2,matches)
show()
```

　　首先，导入相关模块读取图像，并转换成灰度图像。然后，计算响应函数，在原始图像中绘制检测出的角点，进行两幅输入图像的角点匹配。这里使用两对不同的图像进行演示，输出结果分别如图 4-3 中(a)和(b)所示。

(a) 视角转动下两幅图像的匹配(原图在下，角点匹配图像在上)

(b) 经平移的两幅图像的匹配(原图在下，角点匹配图像在上)

图 4-3　角点匹配实例

　　为了让输出结果更清晰明了，也可以只显示出匹配结果的子集，在上面的代码中，可以将数组 matches 替换成 matches[:100]或者任意子集来实现。

　　从图 4-3 中可以看出，角点匹配算法的结果存在一些不正确匹配。这是因为与现在的一些方法相比，图像像素块的互相关矩阵具有较弱的描述性。实际运用中，通常使用更稳健的方法来处理这些对应匹配。此外，这些描述符还有一个问题，它们不具有尺度不变性，且算法中像素块的大小也会影响匹配的结果，在后面小节里将会介绍性能更好的算法。

4.3 斑点检测器

斑点与角点是两类局部特征点。在图像中，角点是图像中物体的拐角或者线条之间的交叉部分，而斑点通常是指与周围有着颜色和灰度差别的区域，例如黑暗区域上的亮斑或明亮区域上的暗斑。在实际场景中，往往存在大量这样的斑点，例如一棵树是一个斑点，一块草地是一个斑点，一栋房子也可以是一个斑点。斑点是一个区域，所以它比角点的抗噪能力强，稳定性好。

斑点检测的方法主要包括利用高斯拉普拉斯(LoG)算子检测的方法、高斯差分(DoG)方法以及利用像素点黑塞(Hessian)矩阵(二阶微分)及其行列式值的方法(DoH 方法)。

1. 高斯拉普拉斯(LoG)算子

在图像处理中，图像与滤波器的交叉相关可以看作模式匹配，即将模板图像与图像中的所有局部区域进行比较来寻找相似区域，而图像与某个二维函数进行卷积运算也可以看作求取图像与这一函数的相似性。同理，图像与高斯拉普拉斯函数的卷积实际就是求取图像与高斯拉普拉斯函数的相似性。当图像中的斑点尺寸与高斯拉普拉斯函数的形状近似一致时，图像的拉普拉斯响应达到最大，这是斑点检测的核心思想。

Laplace 算子常通过对图像求取二阶导数的零交叉点来进行边缘检测，其计算公式如下：

$$\nabla^2 f(x, y) = \frac{\partial^2 f}{\partial x^2} + \frac{\partial^2 f}{\partial y^2} \tag{4-7}$$

由于微分运算对噪声比较敏感，可以先对图像进行高斯平滑滤波，再使用 Laplace 算子进行边缘检测，以降低噪声的影响。由此便形成了用于局部极值点检测的 LoG。

常用的二维高斯函数如下：

$$G_\sigma(x, y) = \frac{1}{\sqrt{2\pi\sigma^2}} \exp\left(-\frac{x^2 + y^2}{2\sigma^2}\right) \tag{4-8}$$

而原图像与高斯核函数卷积定义为

$$\Delta[G_\sigma(x, y) * f(x, y)] = [\Delta G_\sigma(x, y)] * f(x, y) \tag{4-9}$$

所以 LoG 可以认为是先对高斯核函数求取二阶偏导，再与原图像进行卷积操作，可以将 LoG 核函数定义为

$$\text{LoG} = \Delta G_\sigma(x, y) = \frac{\partial^2 G_\sigma(x, y)}{\partial x^2} + \frac{\partial^2 G_\sigma(x, y)}{\partial y^2} = \frac{x^2 + y^2 - 2\sigma^2}{\sigma^4} e^{-(x^2+y^2)/2\sigma^2} \tag{4-10}$$

由于高斯函数是圆对称的，因此 LoG 算子可以有效地实现极值点或局部极值区域(例如斑点)的检测。

使用 LoG 虽然能较准确地检测到图像中的特征点，但运算量过大，计算速度很慢(特别是对于检测较大的斑点)，通常使用高斯差分 (Difference of Gaussina，DoG)来近似计算 LoG。

2. 高斯差分(DoG)

DoG 可以看作 LoG 的一个近似算子，但是它比 LoG 的效率更高。DoG 算子是高斯函数的差分，具体到图像中，就是将图像在不同参数下的高斯滤波结果相减，得到差分图。具体过程可由理论公式表述如下。

首先，高斯函数表示如下：

$$G_\sigma(x,y) = \frac{1}{\sqrt{2\pi\sigma^2}}\exp\left(-\frac{x^2+y^2}{2\sigma^2}\right) \tag{4-11}$$

其次，两幅图像的高斯滤波分别表示为

$$g_1(x,y) = G_{\sigma1}(x,y) * f(x,y) \tag{4-12}$$

$$g_2(x,y) = G_{\sigma2}(x,y) * f(x,y) \tag{4-13}$$

最后，将上面滤波得到的两幅图像 g_1 和 g_2 相减，即

$$g_1(x,y) - g_2(x,y) = (G_{\sigma1} - G_{\sigma2}) * f(x,y) = \text{DoG} * f(x,y) \tag{4-14}$$

DoG 算子的表达式为

$$\text{DoG} = G_{\sigma1} - G_{\sigma2} = \frac{1}{\sqrt{2\pi}}[\frac{1}{\sigma_1}e^{-(x^2+y^2)/2\sigma_1^2} - \frac{1}{\sigma_2}e^{-(x^2+y^2)/2\sigma_2^2}] \tag{4-15}$$

由以上公式可看出，LoG 算子和 DoG 算子相比，DoG 算子(高斯差分)的计算更加简单且效率更高，因此可用 DoG 算子近似替代 LoG 算子。

3. 黑塞矩阵(DoH)

DoH(黑塞矩阵)方法是所有斑点检测方法中计算最快的，其基本思路与 LoG 相似，不同之处在于它通过计算图像黑塞矩阵中行列式的极大值来检测斑点。斑点尺寸大小对 DoH 方法的检测速度没有任何影响，该方法既能检测到深色背景上的亮斑，也能检测到浅色背景上的暗斑，但不能准确地检测到小亮斑。此外，与 LoG 相比，DoH 对图像中的细长结构的斑点有较好的抑制作用。

4. 斑点检测器的 Python 实现

接下来将演示如何使用 scikit-image 实现上述 3 种斑点检测方法(LoG、DoG 和 DoH)。这里主要采用 3 个函数。

1) blob_log()函数

blob_log()函数的主要形式为

```
skimage.feature.blob_log(image, min_sigma=1, max_sigma=50, num_sigma=10, threshold =0.2)
```

该函数的功能为：在给定的灰度图像中查找 blob。使用高斯拉普拉斯(LoG)算子方法寻找 blob，对于找到的每个 blob，返回其坐标和检测到 blob 的高斯核的标准差。

具体参数解读如下：

(1) image：输入灰度图像，假设斑点在深色背景上是亮的(例如黑底白字)。

(2) min_sigma：可选参数，高斯核的最小标准差，设定这个值以检测较小的斑点。

(3) max_sigma：可选参数，高斯核的最大标准差，设定这个值以检测更大的斑点。

(4) num_sigma：可选参数，min_sigma 和 max_sigma 之间要考虑的标准差中间值的

数量。

(5) threshold：可选参数，尺度空间最大值的绝对下限。小于这个阈值的局部最大值被忽略，减小该值可以检测强度较低的斑点。

2) dog_blobs()函数及 doh_blobs()函数

dog_blobs()函数及 doh_blobs()函数与 blob_log()函数结构类似，这里不再赘述。值得注意的是，doh_blobs()函数使用 Hessian 行列式方法来寻找 blob，返回的高斯核的标准差约等于斑点半径。

下面给出斑点检测程序的代码(保存在 bandian.py 文件中)，输入图像如图 4-4 所示，具体代码如下：

图 4-4　蝴蝶图像

```
from matplotlib import pylab as pylab
from skimage.io import imread
from skimage.color import rgb2gray
from numpy import sqrt
from skimage.feature import blob_dog, blob_log, blob_doh
#读取图像并进行预处理
im = imread('蝴蝶.png')
im_gray = rgb2gray(im)
#实现基于 LoG、DoG 和 DoH 的斑点检测
log_blobs = blob_log(im_gray, max_sigma=20, num_sigma=5, threshold=0.1)
log_blobs[:, 2] = sqrt(2) * log_blobs[:, 2]        #计算斑点的半径
dog_blobs = blob_dog(im_gray, max_sigma=20, threshold=0.1)
dog_blobs[:, 2] = sqrt(2) * dog_blobs[:, 2]        #计算斑点的半径
doh_blobs = blob_doh(im_gray, max_sigma=20, threshold=0.005)
#输出结果可视化显示
list_blobs = [log_blobs, dog_blobs, doh_blobs]
colors, titles = ['yellow', 'lime', 'red'], ['Blobs with Laplacian of Gaussian',' Blobs with Difference of
Gaussian', ' Blobs with Determinant of Hessian']
sequence = zip(list_blobs, colors, titles)
```

```
fig, axes = pylab.subplots(2, 2, figsize=(20, 20), sharex=True,sharey=True)
axes = axes.ravel()
axes[0].imshow(im, interpolation='nearest')
axes[0].set_title('original image', size=30), axes[0].set_axis_off()
for idx, (blobs, color, title) in enumerate(sequence):
    axes[idx+1].imshow(im, interpolation='nearest')
    axes[idx+1].set_title('Blobs with ' + title, size=30)
    for blob in blobs:
        y, x, row = blob
        col = pylab.Circle((x, y), row, color=color, linewidth=2, fill=False)
        axes[idx+1].add_patch(col),axes[idx+1].set_axis_off()
pylab.tight_layout(), pylab.show()
```

　　运行上述代码，输出结果如图 4-5 所示，从图中可以看到采用 3 种不同方法检测到的斑点，LoG 方法检测出的斑点数量众多，但检测速度较慢，且对于细长结构图形存在误检现象；DoG 方法与 LoG 方法检测结果相似，但检测速度更快，准确率也有所提升；DoH 方法检测速度最快，且对图像中细长结构图形的误检现象有较好的改善效果，但不能准确检测到小斑点。

  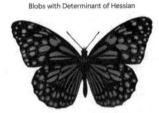

(a) 基于 LoG 的斑点检测　　　　(b) 基于 DoG 的斑点检测　　　　(c) 基于 DoH 的斑点检测

图 4-5　使用 LoG、DoG 和 DoH 方法检测蝴蝶图像上的斑点

4.4　尺度不变特征变换

　　David Lowe 提出的尺度不变特征变换 (Scale-Invariant Feature Transform，SIFT)是近年来最出色的图像局部特征描述符之一。SIFT 包括兴趣点(特征点)检测器和描述符。SIFT 描述符鲁棒性非常强，这也是 SIFT 能够成功和流行的主要原因。自从 SIFT 出现，许多其他本质上使用相同描述符的方法也相继出现，例如 BRIEF 等。现在，SIFT 描述符经常和许多不同的兴趣点/特征点检测器相结合使用，有时甚至在整幅图像上密集地使用。SIFT 特征对于尺度、旋转和亮度都具有不变性，对视角变化、仿射变换、噪声也保持一定程度的稳定性，因此，它可以用于三维视角和噪声的可靠匹配。

　　SIFT 特征提取的实质是在不同尺度空间上查找特征点，并计算出特征点的方向。SIFT 所查找到的特征点是一些十分突出，不会因光照、仿射变换和噪声等因素而变化的点，例如角点、边缘点、暗区的亮点及亮区的暗点等。SIFT 在一定程度上可以解决目标旋转、缩放、平移、目标遮挡等问题。接下来详细介绍 SIFT 特征提取过程及应用。

4.4.1　兴趣点

SIFT 特征使用高斯差分(DoG)函数来定位兴趣点：

$$D(x,\sigma) = [G_{k\sigma}(x) - G_{\sigma}(x)] * I(x) = [G_{k\sigma} - G_{\sigma}] * I = I_{k\sigma} - I_{\sigma} \qquad (4-16)$$

式中，G_{σ} 是上一节中介绍的二维高斯核，I_{σ} 是使用 G_{σ} 模糊的灰度图像，k 是决定相差尺度的常数。兴趣点是在图像位置和尺度变化下 $D(x,\sigma)$ 的最大值和最小值点，对这些候选点进行滤波去除不稳定点。此外 DoG 值会受到边缘的影响，那些边缘上的点虽然不是斑点，但是其 DoG 响应也很强烈，所以通常需要基于一些标准，例如认为低对比度和位于边缘上的点不是兴趣点而把这部分点删除，以增强匹配的抗噪能力和稳定性。

4.4.2　描述符

上面讨论的兴趣点(特征点)描述符给出了兴趣点的位置和尺度信息。为了实现旋转不变性，基于每个点周围图像梯度的方向和大小，SIFT 描述符又引入了参考方向。SIFT 描述符使用主方向作为参考方向。主方向使用方向直方图(以大小为权重)来度量。

接下来基于位置、尺度和方向信息计算描述符。为了使图像亮度具有稳健性，SIFT 描述符使用图像梯度(前述 Harris 描述符使用图像亮度信息计算归一化互相关矩阵)来计算。SIFT 描述符在每个像素点附近选取子区域网格，在每个子区域内计算图像梯度方向直方图。每个子区域的方向直方图拼接起来组成描述符向量。SIFT 描述符的标准设置为 4×4 的子区域，每个子区域使用 8 个小区间的方向直方图，共产生 128 个小区间的方向直方图($4 \times 4 \times 8 = 128$，即 128 维)，最后，为了去除光照变化的影响，一般还需要对特征矢量进行归一化处理。图 4-6 示出了描述符的构造过程。

 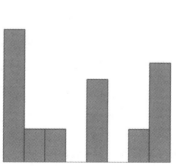 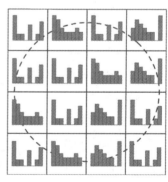

(a) 围绕兴趣点的主方向网格结构 (b) 网格子区域内构造 8 区间方向直方图 (c) 网格每个子区域中提取方向直方图

(d) 由拼接方向直方图得到的 128 维特征向量

图 4-6　构造 SIFT 描述符特征向量的图解

此外近年来还涌现出了更多设计精妙的尺度不变特征描述符，例如 BRIEF(短二进制特征描述符)和 ORB(BRIEF 的改进版，SIFT 的有效替代品)等。

4.4.3　检测兴趣点

目前，有许多可实现 SIFT 检测的公开可用代码，本书采用 python-opencv(cv2)库中的函数来实现，为了能够使用 python-opencv(cv2)中的 SIFT 函数，需要安装 opencv-contrib 包，可用 pip 命令或 conda 命令进行安装。

下面的代码演示了如何检测 SIFT 兴趣点，并在输入图像上绘制这些点。首先构造 SIFT 目标，然后用 detect()方法计算图像中的兴趣点。每个关键点都带有一些特定的属性，例如它的(x, y)坐标、角度(方向)、响应(兴趣点的强度)、有意义的邻域的大小等。然后，用 python-opencv(cv2)中的 drawKeypoints()函数在检测到的兴趣点周围绘制小圆圈。如果将 cv2.DRAW_MATCHES_FLAGS_DRAW_RICH_KEYPOINTS 应用于函数，它将绘制兴趣点信息相应大小的圆及其方向，另外可使用 detectAndCompute()函数同时计算兴趣点和描述符。

检测 SIFT 兴趣点(特征点)的具体程序如下(保存在 SIFT.py 文件中)：

```
#确保使用的 opencv 版本≥3.3.0，可使用 pip 或 conda 命令安装
#安装命令：pip install opencv-python==3.3.0.10 opencv- contrib- python== 3.3.0.10
import cv2        #可用 print(cv2.__version__)打印 opencv 版本号确认版本
#读取图像，确保读取图像格式符合 opencv 的要求
img = cv2.imread('monalisa.png')
gray= cv2.cvtColor(img,cv2.COLOR_BGR2GRAY)
#用 SIFT 描述符从图像中提取并显示兴趣点
sift = cv2.xfeatures2d.SIFT_create()            #创建 SIFT 检测器对象
kp = sift.detect(gray,None)                     #检测 SIFT 兴趣点
 img   =   cv2.drawKeypoints(img,kp,   None,flags=cv2.DRAW_MATCHES_FLAGS_DRAW_RICH_
KEYPOINTS)
cv2.imshow("Image", img);
cv2.imwrite('me5_keypoints.jpg', img)
kp, des = sift.detectAndCompute(gray,None)   #计算 SIFT 描述符
```

运行上述代码，输出结果如图 4-7(b)所示，图中圆圈的大小用来表示特征尺度，圆圈内部的线段用来表示方向。同时为了比较 Harris 角点特征和 SIFT 特征的不同，图 4-7(c)示出了同一幅图像的 Harris 角点，由图可以看到，两个算法所选择兴趣点的位置不同。

(a) 原图　　　　　　　(b) 带 SIFT 兴趣点的图像　　　　　(c) 带 Harris 兴趣点的图像

图 4-7　输入图像及其带有 SIFT 兴趣点和 Harris 兴趣点的图像

4.4.4　匹配描述符

在 4.4.3 节中介绍了检测 SIFT 兴趣点的方法。在本节中，将为图像处理引入更多高效的尺度不变特征描述符，例如 BRIEF(短二进制特征描述符)和 ORB(BRIEF 的改进版，SIFT 的有效替代品)。这些描述符可以更好地用于图像匹配和目标检测。

1. BRIEF 二进制描述符匹配图像

在 4.4.2 节中介绍的 SIFT 特征采用了 128 维的特征描述符，由于描述符采用浮点数，所以它将会占用 512 字节的空间，而很多图像中都存在上千个特征点数，那么类似 SIFT 特征的描述符将占用大量的内存空间，对于资源紧张的应用，尤其是嵌入式应用，这样的特征描述符显然是不合适的。而且，占有空间越大，意味着匹配时间越长。

实际上在 SIFT 特征描述符中，并非所有维度都在匹配中有着实质性的作用，因此可以用 PCA 等特征降维的方法来压缩特征描述符的维度。还有部分方法将 SIFT 的特征描述符转换为一个二值的码串，然后将这个码串用汉明(Hamming)距离进行特征点之间的匹配。这种方法将大大提高特征之间的匹配，因为汉明距离的计算可以通过异或操作及二进制位数计算来实现，这在现代计算机结构中易于实现，由此 BRIEF 应运而生。

BRIEF 描述符的字符数相对较少，作为短二进制特征描述符，它占用内存较小，该描述符使用汉明距离度量进行匹配，效果显著。BRIEF 虽然不具有旋转不变性，但可以通过检测不同尺度的特征来获得所需的尺度不变性。使用 scikit-image()函数可计算 BRIEF 二进制描述符(保存在 BRIEF.py 文件中)，其中用于匹配的输入图像是原始图像及其仿射变换后的图像，原始图像如图 4-8 所示。具体代码如下：

图 4-8　熊猫图像

```
#导入相关模块
from skimage import transform as transform
from skimage.feature import (match_descriptors, corner_peaks,corner_harris, plot_matches, BRIEF)
from matplotlib import pylab as pylab
from skimage.io import imread
from skimage.color import rgb2gray
#读入图像并进行预处理
img1 = rgb2gray(imread('熊猫.jpg'))
#对图像进行仿射变换
affine_trans = transform.AffineTransform(scale=(1.2, 1.2),
translation=(0,-100))
img2 = transform.warp(img1, affine_trans)            #按比例缩放图像
img3 = transform.rotate(img1, 25)                    #按给定参数旋转图像
#使用 BRIEF 描述符从图像中提取并匹配特征
coords1, coords2, coords3 = corner_harris(img1), corner_harris(img2),corner_harris(img3)
coords1[coords1 > 0.01*coords1.max()] = 1
coords2[coords2 > 0.01*coords2.max()] = 1
coords3[coords3 > 0.01*coords3.max()] = 1
keypoints1 = corner_peaks(coords1, min_distance=20)
keypoints2 = corner_peaks(coords2, min_distance=20)
keypoints3 = corner_peaks(coords3, min_distance=20)
extractor = BRIEF()                                  #创建 BRIEF 对象
extractor.extract(img1, keypoints1)
keypoints1, descriptors1 = keypoints1[extractor.mask],extractor.descriptors
extractor.extract(img2, keypoints2)
kcypoints2, descriptors2 = keypoints2[extractor.mask],extractor.descriptors
extractor.extract(img3, keypoints3)
keypoints3, descriptors3 = keypoints3[extractor.mask],extractor.descriptors
matches12 = match_descriptors(descriptors1, descriptors2, cross_check=True)
matches13 = match_descriptors(descriptors1, descriptors3, cross_check=True)
#匹配结果的可视化显示
fig, axes = pylab.subplots(nrows=2, ncols=1, figsize=(20,20))
pylab.gray(), plot_matches(axes[0], img1, img2, keypoints1, keypoints2,matches12)
axes[0].axis('off'), axes[0].set_title("Original Image vs. Transformed Image")
plot_matches(axes[1], img1, img3, keypoints1, keypoints3, matches13)
axes[1].axis('off'), axes[1].set_title("Original Image vs. Transformed Image"),
pylab.show()
```

运行上述代码，输出结果如图 4-9 所示。从图中可以看到两个图像之间的 BRIEF 兴趣

点的匹配，从图 4-9(a)中可看出匹配结果较好，说明 BRIEF 描述符具有尺度不变性，但图 4-9(b)中，原始图像与旋转后图像的匹配仍存在许多错误，这也证明了该描述符不具有旋转不变性。

(a) 原始图像和缩放后的图像进行匹配

(b) 原始图像和旋转后的图像进行匹配

图 4-9　原始图像与变换图像(BRIEF)关键点的匹配

2. ORB 特征检测器和二进制特征描述符匹配

ORB 特征检测和二进制描述符算法采用了定向的 FAST(一种角点检测算法)检测方法和具有旋转不变性的 BRIEF 描述符。与 BRIEF 相比，ORB 具有更大的尺度和旋转不变性，同样也采用汉明距离度量进行匹配，这样效率更高。因此，在考虑实时应用场合时，该方法优于 BRIEF。

输入图像如图 4-10 所示。ORB 特征检测和二进制描述符算法具体代码如下(保存在 ORB.py 文件中)：

(a) 熊猫 1 图像　　　　　　　　　　　　　　　(b) 熊猫 2 图像

图 4-10　输入图像

```
from skimage import transform as transform
from matplotlib import pylab as pylab
from skimage.io import imread
from skimage.color import rgb2gray
from skimage.feature import (match_descriptors, ORB, plot_matches)
#读取熊猫 1.jpg 图像并进行 180°旋转形成 img2
img1 = rgb2gray(imread('熊猫 1.jpg'))
img2 = transform.rotate(img1, 180)
#对输入图像进行仿射变换形成 img3
affine_trans = transform.AffineTransform(scale=(1.3, 1.1), rotation=0.5,translation=(0, -200))
img3 = transform.warp(img1, affine_trans)
#读取熊猫 2.jpg 图像并重新调整尺寸, 与熊猫 1.jpg 尺寸保持一致
img4 = transform.resize(rgb2gray(imread('熊猫 2.jpg')), img1.shape,anti_aliasing=True)
#使用 ORB 特征检测器提取兴趣点, 并将变换后的图像进行匹配
descriptor_extractor = ORB(n_keypoints=300)
descriptor_extractor.detect_and_extract(img1)
keypoints1, descriptors1 = descriptor_extractor.keypoints, descriptor_extractor.descriptors
descriptor_extractor.detect_and_extract(img2)
keypoints2, descriptors2 = descriptor_extractor.keypoints, descriptor_extractor.descriptors
descriptor_extractor.detect_and_extract(img3)
keypoints3, descriptors3 = descriptor_extractor.keypoints, descriptor_extractor.descriptors
descriptor_extractor.detect_and_extract(img4)
keypoints4, descriptors4 = descriptor_extractor.keypoints, descriptor_extractor.descriptors
matches12 = match_descriptors(descriptors1, descriptors2, cross_check=True)
matches13 = match_descriptors(descriptors1, descriptors3, cross_check=Truc)
matches14 = match_descriptors(descriptors1, descriptors4, cross_check=True)
#匹配结果的可视化显示
fig, axes = pylab.subplots(nrows=3, ncols=1, figsize=(20,25))
pylab.gray()
plot_matches(axes[0], img1, img2, keypoints1, keypoints2, matches12)
axes[0].axis('off'), axes[0].set_title("Original Image vs. Transformed Image", size=20)
plot_matches(axes[1], img1, img3, keypoints1, keypoints3, matches13)
axes[1].axis('off'), axes[1].set_title("Original Image vs. Transformed Image", size=20)
plot_matches(axes[2], img1, img4, keypoints1, keypoints4, matches14)
axes[2].axis('off'), axes[2].set_title("Image1 vs. Image2", size=20)
pylab.show()
```

运行上述代码, 得到输出图像和欲匹配图像的 ORB 兴趣点以及用线标示的匹配项, 如图 4-11 所示。该算法先将输入图像与其仿射变换后的图像进行匹配, 然后对同一目标的

两幅不同图像进行匹配。

Original Image vs. Transformed Image

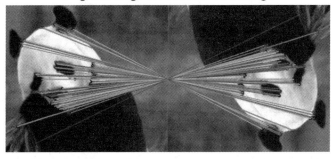

(a) 原图和旋转 180° 的图像的 ORB 兴趣点及其匹配

Original Image vs. Transformed Image

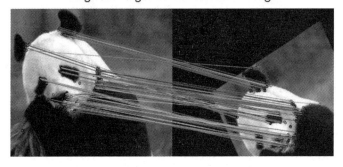

(b) 原图和仿射变换图像的 ORB 兴趣点及其匹配

Image1 vs. Image2

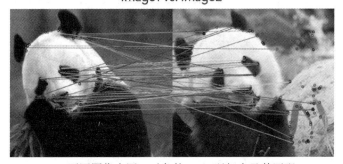

(c) 不同图像中同一对象的 ORB 兴趣点及其匹配

图 4-11　ORB 特征检测匹配实例

尺度不变特征变换对旋转、尺度缩放、亮度变化保持不变性，对视角变化、仿射变换、噪声也保持一定程度的稳定性，同时得到的特征信息量丰富，适用于在海量特征数据库中进行快速、准确的匹配。该变换还具有多量性，即使少数的几个物体也可以产生大量的 SIFT 特征向量。另外该变换可以很方便地与其他形式的特征向量进行联合。

但尺度不变特征变换本身也有许多缺点，例如因为要不断地进行下采样和插值等操作而实时性不高；对彩色图像处理效果不好；对于模糊图像或边缘光滑的目标无法准确提取特征(例如边缘平滑的图像，检测出的特征点过少，对圆也无能为力)等。所以仍然不断有人提出改进方案，例如，最著名的有 SURF(计算量小，运算速度快，提取的特征点几乎与 SIFT 相同)和 CSIFT(彩色尺度不变特征变换，顾名思义，可以解决基于彩色图像的 SIFT 问题)。

本 章 小 结

本章介绍了一些重要的特征提取方法，使用 Python 的 Scipy、scikit-image 和 python-opencv(cv2)等库从图像中计算不同类型的特征描述符；介绍了图像特征检测器和描述符的基本概念，以及它们的理想特征；详细介绍了使用 Harris 角点检测器来检测图像的兴趣点，并用其匹配两幅图像(从不同角度捕获的同一目标)；介绍了使用 LoG/DoG/DoH 滤波器进行斑点检测；最后介绍了 SIFT、ORB、BRIEF 二进制检测器/描述符以及如何使用这些特征匹配图像。

习 题

1. 列出本章中提到的特征检测器及描述符(至少 3 种)，并描述它们的特点。

2. 实际应用中实现角点检测的方法有很多，例如 FAST 角点检测器。请查阅资料，尝试使用 python-opencv(cv2)库中 fast.detect()等相关函数实现 FAST 角点检测器，自行选择一张图片并对其进行 FAST 角点检测，将结果和 Harris 角点检测器检测出的角点进行比较。

3. 本章 4.4 节详细介绍了 SIFT 兴趣点的检测，但并未实现单纯基于 SIFT 特征的图像匹配。python-opencv(cv2)库中提供了一种暴力匹配器(BFMatcher)，而简单的暴力匹配会出现大量错误匹配，所以 BFMatcher 方法提供了 BFMatcher.knnMatch()(即 K 近邻匹配)来优化匹配结果，请在查询相关资料后尝试对"book.png""books.png"(如图 4-12 所示)使用 K 近邻匹配，实现基于 SIFT 特征的图像匹配。

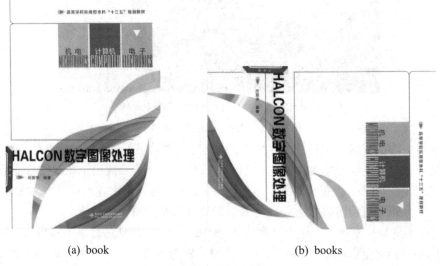

(a) book　　　　　　　　　　　　(b) books

图 4-12　习题 3 附图

第 5 章　图　像　分　割

　　图像分割(Image Segmentation)是指将图像分割成不同的区域或类别，并使这些区域或类别对应于不同的对象或部分对象。每个区域包含具有相似属性的像素，且图像中的每个像素都具有不同的类别。一个好的图像分割通常指同一类别的像素具有相似的强度值并形成一个连通区域，而相邻的不同类别的像素具有不同的强度值。这样做的目的是简化或改变图像的表示形式，使其更有意义、更易于分析。如果图像分割得好，那么图像分析的其他阶段将变得更简单。因此，分割的质量和可靠性决定了图像分析是否成功。但是如何将图像分割成正确的区域或类别通常是一个非常具有挑战性的问题。

　　分割技术可以是非上下文的(不考虑图像中特征和组像素之间的空间关系，只考虑一些全局属性，例如颜色或灰度)，也可以是上下文的(利用空间关系，例如对具有相似灰度级的空间封闭像素分组)。

　　图像分割主要有基于阈值、区域、边缘、聚类、图论和深度学习的方法等。各种分割方法将在本章详细介绍。

5.1　基于阈值的图像分割

　　基于阈值的图像分割方法称为阈值法。阈值法的基本思想是基于图像的灰度特征计算一个或多个灰度阈值，并将图像中每个像素的灰度值与灰度阈值相比较，最后将像素根据比较结果分到合适的类别中。因此，该类方法最为关键的一步就是按照某个准则函数来求解最优灰度阈值。

　　二值化是指将像素值作为阈值，从灰度图像中创建二值图像(只有黑白像素的图像)的一系列算法。它提供了从图像背景中分割目标的最简单方法。阈值可以手动选择(通过查看像素值的直方图)，也可以使用算法自动选择。在 scikit-image 中，有两种阈值算法，一种是基于直方图的阈值算法(使用像素强度直方图，并假定直方图的某些特性为双峰型)，另一种是局部的阈值算法(仅使用相邻的像素来处理像素，这使得算法的计算成本更高)。

　　本节仅讨论一种流行的基于直方图的二值化方法，称为 Otsu 分割法(假设直方图为双峰型)。它通过同时最大化类间方差和最小化由该阈值分割的两类像素之间的类内方差来计算最优阈值。下面以房屋模型作为输入图像(ceramic-houses_t0.png)，采用 Otsu 分割法实现图像分割，并计算出最优阈值，以将前景从背景中分离出来。具体代码如下：

```
from skimage.io import imread
from skimage.color import rgb2gray
```

```
import matplotlib.pyplot as pylab
from skimage.filters import threshold_otsu
image = rgb2gray(imread(r'ceramic-houses_t0.png'))
#阈值分割
thresh = threshold_otsu(image)
binary = image > thresh
fig, axes = pylab.subplots(nrows=2, ncols=2, figsize=(20, 15))
axes = axes.ravel()
axes[0], axes[1] = pylab.subplot(2, 2, 1), pylab.subplot(2, 2, 2)
axes[2] = pylab.subplot(2, 2, 3, sharex=axes[0], sharey=axes[0])
axes[3] = pylab.subplot(2, 2, 4, sharex=axes[0], sharey=axes[0])
#显示原图
axes[0].imshow(image, cmap=pylab.cm.gray)
axes[0].set_title('Original', size=20), axes[0].axis('off')
axes[1].hist(image.ravel(), bins=256, stacked=True)
#显示灰度直方图
axes[1].set_title('Histogram', size=20), axes[1].axvline(thresh, color='r')
#显示阈值分割结果
axes[2].imshow(binary, cmap=pylab.cm.gray)
axes[2].set_title('Thresholded (Otsu)', size=20), axes[2].axis('off')
axes[3].axis('off'), pylab.tight_layout(), pylab.show()
```

运行上述代码，Otsu 分割法计算的最优阈值在直方图中以红线标识，如图 5-1 所示。根据最优阈值可将前景从背景中分离出来，如图 5-2 所示。

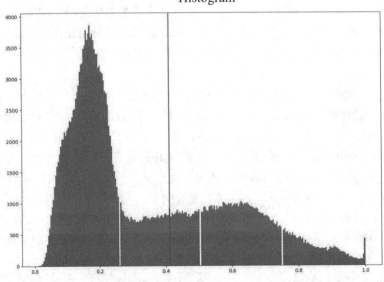

图 5-1　Otsu 分割直方图

Original   Threshold(Otsu)

(a) 原始图像   (b) 阈值分割

图 5-2　Otsu 分割法分割结果

5.2　基于边缘或区域的图像分割

边缘是指图像中两个不同区域的边界线上连续的像素点的集合，是图像局部特征不连续性的反映，体现了灰度、颜色、纹理等图像特性的突变。通常情况下，基于边缘的图像分割方法指的是基于灰度值的边缘检测，是建立在边缘灰度值会呈现阶跃型或屋顶型变化这一观测基础上的方法。基于区域的图像分割方法是将图像按照相似性准则分成不同的区域，主要包括种子区域生长法、区域分裂合并法和分水岭法等几种类型。

此处，将源自 skimage.data 的硬币图像(见图 5-3)作为输入图像，在较幽暗的背景下勾勒出硬币的轮廓。首先使用基于边缘的图像分割方法，然后使用基于区域的图像分割方法。

图 5-3　硬币图像

显示硬币灰度图像的灰度直方图的具体代码如下：

```
import numpy as np
from skimage import data
import matplotlib.pyplot as pylab
#读取图像
coins = data.coins()
hist = np.histogram(coins, bins=np.arange(0, 256), normed=True)
fig, axes = pylab.subplots(1, 2, figsize=(20, 10))
#显示灰度直方图
axes[0].imshow(coins, cmap=pylab.cm.gray, interpolation='nearest')
axes[0].axis('off'), axes[1].plot(hist[1][:-1], hist[0], lw=2)
axes[1].set_title('histogram of gray values')
pylab.show()
```

运行上述代码，输出结果如图 5-4 所示。

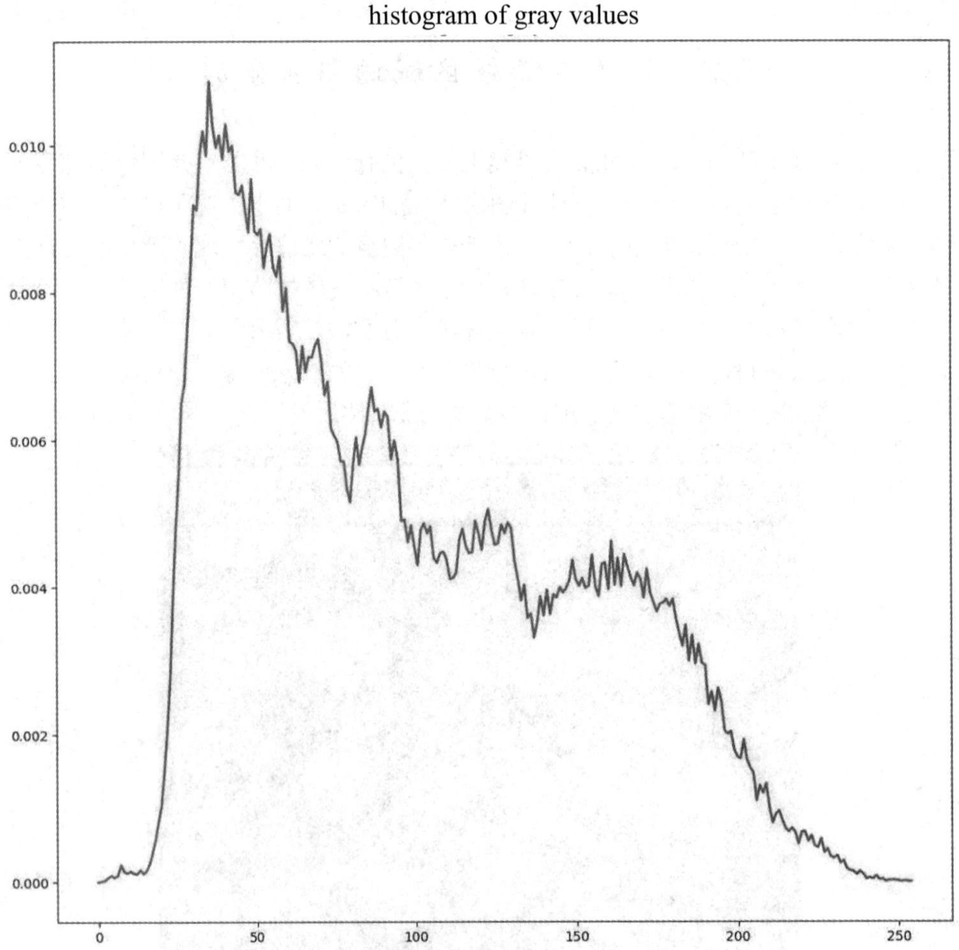

图 5-4　硬币图像的灰度直方图

5.2.1 基于边缘的图像分割

在本小节中，将尝试使用基于边缘的图像分割来描绘硬币的轮廓。为此，首先使用 Canny 边缘检测器获取特征的边缘，具体代码如下：

```
from skimage import data
import matplotlib.pyplot as pylab
from skimage.feature import canny
#读取图像
coins = data.coins()
edges = canny(coins, sigma=2)
fig, axes = pylab.subplots(figsize=(10, 6))
#显示硬币轮廓图
axes.imshow(edges, cmap=pylab.cm.gray, interpolation='nearest')
axes.set_title('Canny detector'), axes.axis('off'), pylab.show()
```

运行上述代码，使用 Canny 边缘检测器得到的硬币轮廓如图 5-5 所示。

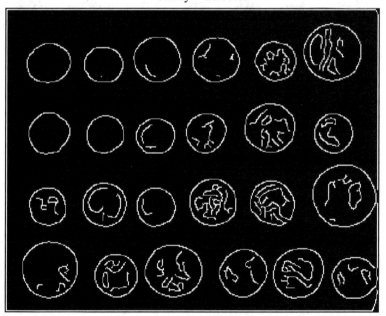

图 5-5 使用 Canny 边缘检测器得到的硬币轮廓

然后使用 scipy ndimage 模块中的形态学函数 binary_fill_holes()填充这些轮廓，具体代码如下：

```
from skimage import data
import matplotlib.pyplot as pylab
from skimage.feature import canny
from scipy import ndimage as ndi
```

```
#读取图像
coins = data.coins()
edges = canny(coins, sigma=2)
fill_coins = ndi.binary_fill_holes(edges)
fig, axes = pylab.subplots(figsize=(10, 6))
#显示轮廓填充图
axes.imshow(fill_coins, cmap=pylab.cm.gray, interpolation='nearest')
axes.set_title('filling the holes'), axes.axis('off'), pylab.show()
```

运行上述代码，显示硬币的填充轮廓，如图 5-6 所示。

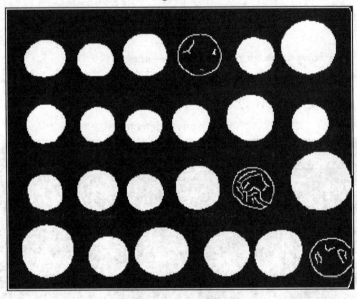

filling the holes

图 5-6　硬币的填充轮廓

从图 5-6 中可以看到，有三枚硬币的轮廓没有被填充。在接下来的步骤中，将通过为有效目标设置最小尺寸，并再次使用形态学函数来删除诸如此类的小伪目标。这里主要使用 scikit-image 形态学模块的 remove_small_objects()函数，具体代码如下：

```
from skimage import morphology
from skimage import data
import matplotlib.pyplot as pylab
from skimage.feature import canny
from scipy import ndimage as ndi
coins = data.coins()
edges = canny(coins, sigma=2)
fill_coins = ndi.binary_fill_holes(edges)
coins_cleaned = morphology.remove_small_objects(fill_coins, 21)
fig, axes = pylab.subplots(figsize=(10, 6))
```

```
axes.imshow(coins_cleaned, cmap=pylab.cm.gray, interpolation='nearest')
axes.set_title('removing small objects'), axes.axis('off'), pylab.show()
```

运行上述代码，输出结果如图 5-7 所示。

removing small objects

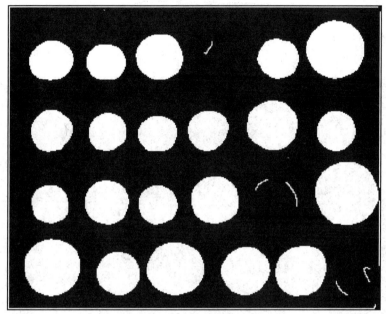

图 5-7　删除未填充的硬币轮廓

基于边缘的图像分割方法并不是很健壮，因为非完全闭合的轮廓没有被正确填充，正如图 5-6 中未被填充的三枚硬币一样。

5.2.2　基于区域的图像分割

在本小节中，将使用形态学分水岭变换对同一幅图像应用基于区域的图像分割方法。

任何灰度图像都可以看作一个地表面。当该表面从最低点开始被浸没，并且该表面防止来自不同方向的水流聚集时，那么图像就被分割成两个不同的集合，即集水盆和分水岭线。如果将这种分割(分水岭变换)应用于图像梯度，在理论上集水盆应与图像的同质灰度区域(片段)相对应。然而，在实际应用中，由于梯度图像中存在噪声或局部不规则性，使用变换时图像会过度分割。为了防止过度分割，可使用一组预定义标记，从这些标记开始对地表面进行注水浸没。通过分水岭变换分割图像的步骤如下：

(1) 确定标记和分割准则(用于分割区域的函数，通常是图像对比度或梯度)；

(2) 利用这两个元素运行标记控制的分水岭变换。

现在，使用 scikit-image 中的形态学分水岭变换实现从图像的背景中分离出前景硬币。首先，使用图像的 sobel 梯度找到图像的高程图，具体代码如下：

```
import matplotlib.pyplot as pylab
from skimage.filters import sobel
from skimage import data
```

```
coins = data.coins()
elevation_map = sobel(coins)
fig, axes = pylab.subplots(figsize=(10, 6))
axes.imshow(elevation_map, cmap=pylab.cm.gray, interpolation='nearest')
axes.set_title('elevation map'), axes.axis('off'), pylab.show()
```

运行上述代码，输出的高程图如图 5-8 所示。

elevation map

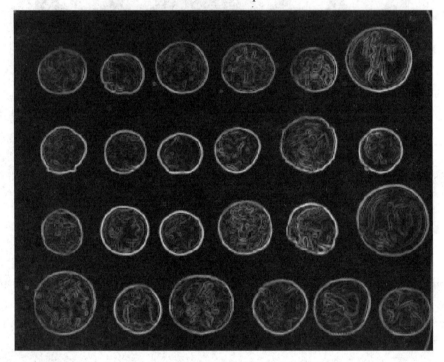

图 5-8　利用 sobel 梯度得到硬币图像的高程图

然后，基于灰度直方图的极值部分计算背景标记和硬币标记，具体代码如下：

```
import numpy as np
from skimage import data
import matplotlib.pyplot as pylab
coins = data.coins()
markers = np.zeros_like(coins)
markers[coins < 30] = 1
markers[coins > 150] = 2
print(np.max(markers), np.min(markers))
fig, axes = pylab.subplots(figsize=(10, 6))
a = axes.imshow(markers, cmap=pylab.cm.hot, interpolation='nearest')
pylab.colorbar(a)
axes.set_title('markers'), axes.axis('off'), pylab.show()
```

运行上述代码，输出结果如图 5-9 所示。

markers

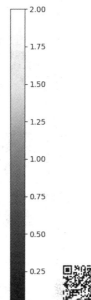

图 5-9 背景标记和硬币标记(热度图)

最后，利用分水岭变换，从确定的标记点开始注入高程图的区域，具体代码如下：

```python
import numpy as np
from skimage import data, morphology
import matplotlib.pyplot as pylab
from skimage.filters import sobel
coins = data.coins()
markers = np.zeros_like(coins)
elevation_map = sobel(coins)
#利用分水岭变换
segmentation = morphology.watershed(elevation_map, markers)
fig, axes = pylab.subplots(figsize=(10, 6))
#显示分割图像
axes.imshow(segmentation, cmap=pylab.cm.gray, interpolation='nearest')
axes.set_title('segmentation'), axes.axis('off'), pylab.show()
```

运行上述代码，输出使用形态学分水岭变换进行分割后所得到的二值图像，如图 5-10 所示。

segmentation

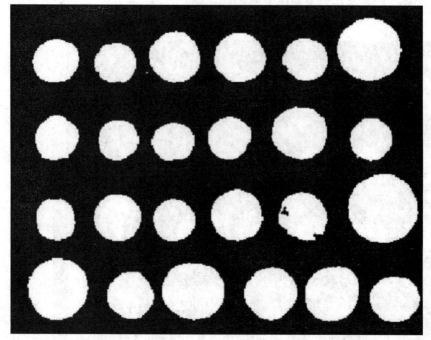

图 5-10　使用形态学分水岭变换进行分割后的二值图像

5.3　图　　割

图论中的图(Graph)是由若干节点(有时也称顶点)和连接节点的边构成的集合。图 5-11 给出了一个图的示例。边可以是有向的(图 5-11 中用箭头表示)，也可以是无向的，并且可能带有与它相关联的权重。

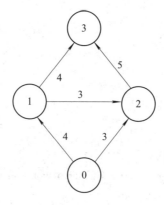

图 5-11　用 python-graph 工具包创建的一个简单有向图

图割(Graph Cut)是将一个有向图分割成两个互不相交的集合，可以用来解决很多计算机视觉方面的问题，诸如立体深度重建、图像拼接和图像分割等。从图像像素和像素的近邻创建一个图并引入一个能量或"代价"函数，之后利用图割方法可将图像分割成两个或多个区域。图割的基本思想是，相似且彼此相近的像素应该划分到同一区域。

图割 C(C 是图中所有边的集合)的"代价"函数 E_{cut} 定义为所有割的边的权重之和：

$$E_{cut} = \sum_{(i,j)\in C} w_{ij} \tag{5-1}$$

式中，w_{ij} 是图中节点 i 到节点 j 的边(i,j)的权重。

使用图割进行图像分割的思想是用图来表示图像，并对图进行划分以使割的代价函数 E_{cut} 最小。在用图表示图像时，增加两个额外的节点，即源点和汇点，并仅考虑那些将源点和汇点分开的割。

寻找最小割(Minimum Cut)等同于在源点和汇点间寻找最大流(Maximum Flow)。此外，很多有效的算法都可以解决这些最大流/最小割的问题。

在下面图割的实例中将采用 python-graph 工具包，该工具包包含了许多非常有用的图的算法，可以在 http://code.google.com/p/python-graph/下载该工具包并查看文档。同时，会采用 maximum_flow()函数，该函数用 Edmonds-Karp 算法计算最大流/最小割。采用一个完全用 Python 写成的工具包的好处是安装容易且兼容性良好，不足是速度较慢。不过，对于小尺寸图像，该工具包的性能足以满足使用需求；而对于较大的图像，则需要一个更快的实现算法。

这里给出一个用 python-graph 工具包计算一幅较小的图的最大流/最小割的简单例子，具体代码如下：

```python
from pygraph.classes.digraph import digraph
from pygraph.algorithms.minmax import maximum_flow
gr = digraph()
gr.add_nodes([0,1,2,3])
gr.add_edge((0,1), wt=4)
gr.add_edge((1,2), wt=3)
gr.add_edge((2,3), wt=5)
gr.add_edge((0,2), wt=3)
gr.add_edge((1,3), wt=4)
flows,cuts = maximum_flow(gr,0,3)
#打印图的最大流与最小割
print( 'flow is:', flows)
print( 'cut is:', cuts)
```

首先，创建包含 4 个节点的有向图，4 个节点的索引分别为 0、1、2、3，然后用 add_edge()函数增添边并为每条边指定特定的权重。边的权重用来衡量边的最大流容量。以节点 0 为源点、节点 3 为汇点，计算最大流。运行上述代码，打印出最大流和最小割的结果为

```
flow is: {(0, 1): 4, (0, 2): 3, (1, 2): 0, (1, 3): 4, (2, 3): 3}
cut is: {0: 0, 1: 1, 2: 1, 3: 1}
```

上面两个结果包含了流过每条边和每个节点的标记：0 表示包含图源点的部分，1 表示与汇点相连的节点。读者可以自行验证这个割确实是最小的。

5.3.1 从图像创建图

给定一个邻域结构，可以利用图像像素作为节点定义一个图。这里将集中讨论最简单的像素四邻域和两个图像区域(前景和背景)情况。一个四邻域(4-Neighborhood)指一个像素与其正上方、正下方、左边、右边的像素直接相连。

除了像素节点外，还需要两个特定的节点——源点和汇点，分别代表图像的前景和背景。这里将利用一个简单的模型将所有像素与源点、汇点连接起来。

下面给出创建这样一个图的步骤：

(1) 每个像素节点都有一条来自源点的传入边；

(2) 每个像素节点都有一条到汇点的传出边；

(3) 每个像素节点都有一条传入边和传出边连接到它的近邻。

为确定边的权重，需要一个能够确定这些像素点之间，像素点与源点、汇点之间边的权重(表示该条边的最大流)的分割模型。与前面一样，像素 i 与像素 j 之间的边的权重记为 w_{ij}，源点到像素 j 的权重记为 w_{sj}，像素 i 到汇点的权重记为 w_{it}。

像素颜色值用朴素贝叶斯分类器进行分类。假定已经在前景和背景像素(从同一图像或从其他的图像)上训练出了一个朴素贝叶斯分类器，那么可以为前景和背景计算概率 $p_F(I_i)$ 和 $p_B(I_i)$。这里 I_i 是像素 i 的颜色向量。可以为边的权重建立如下模型：

$$w_{sj} = \frac{p_F(I_i)}{p_F(I_i) + p_B(I_i)} \tag{5-2}$$

$$w_{it=} \frac{p_B(I_i)}{p_F(I_i) + p_B(I_i)} \tag{5-3}$$

$$w_{ij} = ke^{-|I_i - I_j|^2/\sigma} \tag{5-4}$$

利用该模型，可以将每个像素和前景及背景(源点和汇点)连接起来，权重等于归一化后的概率。w_{ij} 描述了近邻间像素的相似性，相似像素权重趋近 k，不相似的趋近 0。参数 σ 反映了随着不相似性的增加，幂指数衰减到 0 的快慢。

创建一个名为 graphcut.py 的文件，将从一幅图像中创建图的函数写入该文件，具体代码如下：

```
from pylab import *
from numpy import *
from pygraph.classes.digraph import digraph
from pygraph.algorithms.minmax import maximum_flow
import bayes
def build_bayes_graph(im,labels,sigma=1e2,kappa=2):
    #从像素四邻域建立一个图，前景和背景(前景用 1 标记，背景用-1 标记，
    其他用 0 标记)由 labels 决定，并用朴素贝叶斯分类器建模
    m,n = im.shape[:2]
    #每行是一个像素的 RGB 向量
```

```
vim = im.reshape((-1,3))
#前景和背景(RGB)
foreground = im[labels==1].reshape((-1,3))
background = im[labels==-1].reshape((-1,3))
train_data = [foreground,background]
#训练朴素贝叶斯分类器
bc = bayes.BayesClassifier()
bc.train(train_data)
#获取所有像素的概率
bc_lables,prob = bc.classify(vim)
prob_fg = prob[0]
prob_bg = prob[1]
#用 m*n+2 个节点创建图
gr = digraph()
gr.add_nodes(range(m*n+2))
source = m*n                    #倒数第二个节点是源点
sink = m*n+1                    #最后一个节点是汇点
#归一化
for i in range(vim.shape[0]):
    vim[i] = vim[i] / linalg.norm(vim[i])
#遍历所有的节点，并添加边
for i in range(m*n):
    #从源点添加边
    gr.add_edge((source,i), wt=(prob_fg[i]/(prob_fg[i]+prob_bg[i])))
    #向汇点添加边
    gr.add_edge((i,sink), wt=(prob_bg[i]/(prob_fg[i]+prob_bg[i])))
#向相邻节点添加边
if i%n != 0:                    #左边存在
    edge_wt = kappa*exp(-1.0*sum((vim[i]-vim[i-1])**2)/sigma)
    gr.add_edge((i,i-1), wt=edge_wt)
if (i+1)%n != 0:                #如果右边存在
    edge_wt = kappa*exp(-1.0*sum((vim[i]-vim[i+1])**2)/sigma)
    gr.add_edge((i,i+1), wt=edge_wt)
if i//n != 0:                   #如果上方存在
    edge_wt = kappa*exp(-1.0*sum((vim[i]-vim[i-n])**2)/sigma)
    gr.add_edge((i,i-n), wt=edge_wt)
if i//n != m-1:                 #如果下方存在
    edge_wt = kappa*exp(-1.0*sum((vim[i]-vim[i+n])**2)/sigma)
    gr.add_edge((i,i+n), wt=edge_wt)
return gr
```

　　这里用到的标记图像使用 1 标记前景训练数据、用-1 标记背景训练数据。基于这种标记，在 RGB 值上可以训练出一个朴素贝叶斯分类器，然后计算每一像素的分类概率，这些计算出的分类概率便是从源点出来到汇点去的边的权重，由此可以创建一个节点为 $n \times m + 2$ 的图。应注意源点和汇点的索引。为了简化像素的索引，将最后的两个索引作为源点和汇点的索引。

　　为了在图像上可视化覆盖的标记区域，可以利用 contourf() 函数填充图像(这里指带标记的图像)等高线间的区域，用参数 alpha 设置透明度。可将下面的函数增加到 graphcut.py 文件中：

```
def show_labeling(im,labels):
    #显示图像的前景和背景区域，前景 labels=1，背景 labels=-1，其他 labels = 0
    imshow(im)
    contour(labels, [-0.5, 0.5])
    contourf(labels, [-1, -0.5], colors='b', alpha=0.25)
    contourf(labels, [0.5, 1], colors='r', alpha=0.25)
    axis('off')
```

　　图建立后需要在最优位置对图进行分割。下面这个函数可以计算最小割并将输出结果重新格式化为一个带像素标记的二值图像：

```
def cut_graph(gr,imsize):
    #用最大流对图 gr 进行分割，并返回分割结果的二值标记
    m, n = imsize
    source = m * n                          #倒数第二个节点是源点
    sink = m * n + 1                        #倒数第一个节点是汇点
    #对图进行分割
    flows, cuts = maximum_flow(gr, source, sink)
    #将图转为带有标记的图像
    res = zeros(m * n)
    for pos, label in list(cuts.items())[:-2]:      #不要添加源点 / 汇点
        res[pos] = label
    return res.reshape((m, n))
```

　　这里应再次注意源点和汇点的索引，需要将图像的尺寸作为输入计算这些索引，在返回分割结果之前要对输出结果进行张量形状调整(reshape())。割以字典返回，需要将它复制到分割标记图像中，可通过返回列表(键，值)获取元素(.item())完成。这里再一次略过了列表中最后两个元素。

　　下面介绍利用这些函数来分割一幅图像的方法。首先读取一幅图像，从图像的两个矩形区域估算出分类概率，然后创建一个图，具体代码如下：

```
import graphcut
from PIL import Image
from pylab import *
#读入图像
```

```
im = array(Image.open("empire.jpg"))
h, w = im.shape[:2]
print(h, w)
scale = 0.05
num_px = int(w * scale)
num_py = int(h * scale)
imresize(im, 0.07,interp='bilinear')      #imresize 被 scipy.misc 弃用，用 PIL   库中的 resize 替代
im = array(Image.fromarray(im).resize((num_px, num_py), Image.BILINEAR))
size = im.shape[:2]
print(size)
rm = im
#添加两个矩形训练区
labels = np.zeros(size)
labels[3:18, 3:18] = -1
labels[-18:-3, -18:-3] = 1
# print(labels.size)
print("labels finish")
#创建训练图
g = graphcut.build_bayes_graph(im, labels, kappa=1)
print("build_bayes_graph finish")
#得到分割图
res = graphcut.cut_graph(g, size)
print("cut_graph finish")
#显示标记图
fig = figure()
subplot(131)
graphcut.show_labeling(im, labels)
gray()
title(u'标记图', fontproperties=font)
axis('off')
#显示训练图
subplot(132)
imshow(rm)
contour(labels, [-0.5, 0.5], colors='blue')
contour(labels, [0.5, 1], colors='yellow')
#gray()
title(u'训练图', fontproperties=font)
axis('off')
#显示分割图
```

```
subplot(133)

imshow(res)

gray()

title(u'分割图', fontproperties=font)

axis('off')

show()
```

图 5-12(b)中图像覆盖区域为训练区域，图 5-12(c)显示了最终的分割结果。

标记图　　　　　　　　　　　训练图　　　　　　　　　　　分割图

(a) 用于模型训练的图像　　　　(b) 显示训练区域　　　　(c) 分割的结果

图 5-12　利用贝叶斯分类器进行分割

式(5-4)中的 k 决定了近邻像素间边的相对权重。随着 k 值增大，分割边界将变得更平滑，并且细节部分也逐步丢失。可以根据应用的需要及想要获得的结果类型来选择合适的 k 值。

5.3.2　用户交互式分割

利用一些方法可以将图割与用户交互结合起来。例如，用户可以在一幅图像上为前景和背景提供一些标记，也可以利用边界框(Bounding Box)或"lasso"工具选择一个包含前景的区域。

下面举例说明，其中用到了来自微软剑桥研究院 Grab Cut 数据集的一些图像。这些图像还提供了用来评价分割性能的真实标记，还有模拟用户选择矩形图像区域或用类似"lasso"的工具来标记前景和背景的标注信息。利用用户提供的这些输入得到训练数据，并以用户输入为导向用图割对图像进行分割。

将用户输入进行编码，具体如表 5-1 所示。

表 5-1　用户输入编码

像　素　值	意　义
0.64	背景
128	未知
255	前景

这里给出一个完整的示例代码，它会载入一幅图像及对应的标注信息，然后将其传递到图像分割路径中，具体如下：

```python
import graphcut
from PIL import Image
from pylab import *
def create_msr_labels(m, lasso=False):
    #创建标签矩阵，以便从用户注释进行训练
    size = m.shape[:2]
    labels = zeros(size)
    #背景
    labels[m == 0] = -1
    labels[m == 64] = -1
    #前景
    if lasso:
        labels[m == 255] = 1
    else:
        labels[m == 128] = 1
    return labels
#加载图像和注释映射
im = array(Image.open('book_perspective.JPG'))
m = array(Image.open('book_perspective.bmp').convert('L'))
#调整尺寸
# scale = 0.32
scale = 0.05
h1, w1 = im.shape[:2]
h2, w2 = m.shape[:2]
print(h1, w1)
print(h2, w2)
px1 = int(w1 * scale)
py1 = int(h1 * scale)
px2 = int(w2 * scale)
py2 = int(h2 * scale)
#imresize(im, 0.07,interp='bilinear')
im = array(Image.fromarray(im).resize((px1, py1), Image.BILINEAR))
m = array(Image.fromarray(m).resize((px2, py2), Image.NEAREST))
oim = im
print(im.shape[:2])
print(m.shape[:2])
#创建训练标签
```

```
labels = create_msr_labels(m, False)
print('labels finish')
#使用注释构建图形
g = graphcut.build_bayes_graph(im, labels, kappa=2)
print('build_bayes_graph finish')
#切割图
res = graphcut.cut_graph(g, im.shape[:2])
print('cut_graph finish')
#删除背景中的部分
res[m == 0] = 1
res[m == 64] = 1
# labels[m == 0] = 1
# labels[m == 64] = 1
#绘制原始图像
fig = figure()
subplot(121)
imshow(im)
gray()
title(u'原始图', fontproperties=font)
axis('off')
# 绘制结果
subplot(122)
imshow(res)
gray()
xticks([])
yticks([])
title(u'分割图', fontproperties=font)
axis('off')
show()
fig.savefig('labelplot.pdf')
print('finish')
```

　　首先，定义一个辅助函数用以读取这些标注图像，格式化这些标注图像便于将其传递给背景和前景训练模型函数，矩形框中只包含背景标记。在本例中，设置前景训练区域为整个"未知的"区域(矩形内部)。然后，创建图并进行分割。由于有用户输入，所以移除那些在标记背景区域里有任何前景的结果。最后，绘制出分割结果，并通过在一个空列表设置这些勾选标记以移除这些勾选标记，这样就可以得到一个清晰的边框(否则，图像中的边界在黑白图中很难看到)。

　　图 5-13 显示了利用 RGB 向量作为原始图像的特征进行分割的结果。

原始图　　　　　　　　　　　　　　　　　　　　　分割图

(a) 原始图像　　　　　　　(b) 显示分割区域　　　　　(c) 分割结果

图 5-13　图像分割

5.4　使用聚类进行分割

上一节的图割通过在图像上利用最大流/最小割找到了一种离散解决方法。在本节，将介绍另外一种方法，即基于谱图理论的归一化分割算法，它将像素相似和空间近似结合起来对图像进行分割。

5.4.1　*k*-means 聚类

k-means 是一种将输入数据划分成 k 个簇的简单的聚类算法。*k*-means 反复提炼初始评估的类中心，计算步骤如下：

(1) 以随机或猜测的方式初始化类中心 u_i，$i = 1$，2，$\cdots$，k；

(2) 将每个数据点归并到离它最近的类中心所属的类 c_i 中；

(3) 对所有属于该类的数据点求平均，将平均值作为新的类中心；

(4) 重复步骤(2)和步骤(3)，直到收敛。

k-means 试图使类内总方差最小：

$$V = \sum_{i=1}^{k} \sum_{x_j \in c_i} (x_j - u_i)^2 \tag{5-5}$$

式中，x_j 是输入数据。该算法是启发式提炼算法，在很多情形下都适用，但是并不能保证得到最优的结果。为了避免初始化类中心时因未选好类中心初值所造成的影响，该算法通常会初始化不同的类中心进行多次运算，然后选择方差 V 最小的结果。

k-means 最大的缺陷是必须预先设定聚类数 k，如果 k 设定不恰当，则会导致聚类的结果很差。其优点是容易实现，可以并行计算，并且对于多数其他问题不需要任何调整就能够直接使用。

5.4.2　谱聚类

谱聚类是一种有趣的聚类算法，与 *k*-means 和层次聚类算法截然不同。

对于 n 个元素(例如 n 幅图像)，相似矩阵(或亲和矩阵，有时也称距离矩阵)是一个 $n \times n$ 的矩阵，矩阵每个元素表示两两之间的相似性分数。谱聚类是由相似性矩阵构建谱矩阵而得名的。对该谱矩阵进行特征分解得到的特征向量可以用于降维，然后聚类。

谱聚类的优点之一是仅需输入相似性矩阵，并且可以采用所想到的任意度量方式构建该相似性矩阵。与 k-means 和层次聚类相似，谱聚类需要计算特征向量求平均值。为了计算平均值，会将特征或描述符限制为向量。而对于谱聚类，特征向量就没有类别限制，只要有一个"距离"或"相似性"的概念即可。

5.4.3　聚类分割算法

利用聚类进行分割需定义一个分割损失函数，该损失函数不仅考虑了组的大小而且还用划分的大小对该损失函数进行"归一化"。归一化后的分割公式将式(5-1)的代价函数修改为

$$E_{ncut} = \frac{E_{cut}}{\sum_{i \in A} w_{ix}} + \frac{E_{cut}}{\sum_{i \in A} w_{jx}} \tag{5-6}$$

式中，A 和 B 表示两个割集，在图中分别对 A 和 B 中所有其他节点(函数进行"归一化"这里指图像像素)的权重求和。对于那些像素与其他像素具有相同连接数的图像，利用聚类进行分割是对划分大小的一种粗糙的度量方式。上面的损失函数与寻找极小值算法是针对图像分割与图像块分割问题衍生出来的，下面将进行讲解。

定义归一化分割矩阵 $\boldsymbol{W}$ 为边的权重矩阵，矩阵中的元素 w_{ij} 为连接像素 i 和像素 j 边的权重。$\boldsymbol{D}$ 为对 $\boldsymbol{W}$ 每行元素求和后构成的对角矩阵，即 $\boldsymbol{D} = \text{diag}(d_i)$，$d_i = \sum_j w_{ij}$。归一化分割可以通过最小化下面的优化问题而求得：

$$\lambda = \min_y \frac{\boldsymbol{y}^{\mathrm{T}}(\boldsymbol{D} - \boldsymbol{W})\boldsymbol{y}}{\boldsymbol{y}^{\mathrm{T}}\boldsymbol{D}_y} \tag{5-7}$$

向量 $\boldsymbol{y}$ 包含的是离散标记，这些离散标记满足对于 b 为常数 $y_i \in \{1, -b\}$(即 $\boldsymbol{y}$ 只可以取这两个值)的约束，$\boldsymbol{y}^{\mathrm{T}}\boldsymbol{D}$ 求和为 0。由于这些约束条件，最小化优化问题不太容易求解。

然而，通过松弛约束条件并让 y 取任意实数，最小化优化问题可以变为一个容易求解的特征分解问题。这样求解的缺点是需要对输出设定阈值或进行聚类，使它重新成为一个离散分割。松弛约束条件后，最小化优化问题便成为求解拉普拉斯矩阵特征向量的问题：

$$\boldsymbol{L} = \boldsymbol{D}^{-1/2}\boldsymbol{W}\boldsymbol{D}^{-1/2} \tag{5-8}$$

归一化后的权重：

$$w_{ij} = \mathrm{e}^{-\left|I_i - I_j\right|^2 / \sigma_g} \mathrm{e}^{-\left|x_i - x_j\right|^2 / \sigma_d} \tag{5-9}$$

式中，第一部分度量像素 I_i 和 I_j 之间的像素相似性，$I_i(I_j)$ 定义为 RGB 向量或灰度值；第二部分度量图像中 x_i 和 x_j 的接近程度，$x_i(x_j)$ 定义为每个像素的坐标；缩放因子 σ_g 和 σ_d 决定了相对尺度和每一部件趋近 0 的快慢。

将下面的函数添加到名为 ncut.py 的文件中：

```
def ncut_graph_matrix(im, sigma_d=1e2, sigma_g=1e-2):
    #创建归一化分割矩阵，参数为像素距离和像素相似度的权重
    m, n = im.shape[:2]
    N = m * n
    #规范并创建 RGB 或灰度的特征向量
    if len(im.shape) = = 3:
        for i in range(3) :
            im[:, :, i] = im[:, :, i] / im[:, :, i].max()
        vim = im.reshape((-1, 3))
    else:
        im = im / im.max()
        vim = im.flatten()
    #用于距离计算的 x，y 坐标
    xx, yy = meshgrid(range(n), range(m))
    x, y = xx.flatten(), yy.flatten()
    #使用边的权重创建矩阵
    W = zeros((N, N), 'f')
    for i in range(N):
        for j in range(i, N):
            d = (x[i] - x[j]) ** 2 + (y[i] - y[j]) ** 2
            W[i, j] = W[j, i] = exp(-1.0 * sum((vim[i] - vim[j]) ** 2) / sigma_g) * exp(-d / sigma_d)
    return W
```

　　最小化优化问题获取图像数组，并利用输入的彩色图像 RGB 值或灰度图像的灰度值创建一个特征向量。由于边的权重包含了距离，对于每个像素的特征向量，利用 meshgrid() 函数获取 x 和 y 值，然后该函数会在 n 个像素上循环，并在 $n \times n$ 归一化分割矩阵 W 中填充值。

　　可以顺序分割每个特征向量或获取一些特征向量，对其进行聚类计算。这里选择最小化优化问题，不需要修改任意分割数也能正常工作。将拉普拉斯矩阵进行特征分解后的前 ndim 个特征向量合并在一起构成矩阵 W，并对这些像素进行聚类。该聚类过程具体代码如下：

```
from numpy import *
from scipy.cluster.vq import *
def cluster(S, k, ndim):
    #来自相似性矩阵的谱聚类
    #检查对称性
    if sum(abs(S - S.T)) > 1e-10:
        print('not symmetric')
```

```
#创建拉普拉斯矩阵
rowsum = sum(abs(S), axis=0)
D = diag(1 / sqrt(rowsum + 1e-6))
L = dot(D, dot(S, D))
#计算特征向量
U, sigma, V = linalg.svd(L, full_matrices=False)
#从 ndim 第一特征向量创建特征向量
#通过将特征向量堆叠为列
features = array(V[:ndim]).T
# K-means
features = whiten(features)
centroids, distortion = kmeans(features, k)
code, distance = vq(features, centroids)
return code, V
```

　　这里采用基于特征向量图像值的 k-means 聚类算法对像素进行分组，可以利用该算法在一些样本图像上进行测试，具体代码如下：

```
import ncut
from pylab import *
from PIL import Image
im = array(Image.open(r'D:\电脑桌面\daima\C-uniform03.ppm'))
m, n = im.shape[:2]
print(n, m)
# resize image to (wid,wid)
wid = 50
# rim = imresize(im, (wid, wid), interp='bilinear')
rim = np.array(Image.fromarray(im).resize((wid, wid), Image.BILINEAR))
rim = array(rim, 'f')
#创建归一化分割矩阵
A = ncut.ncut_graph_matrix(rim, sigma_d=1, sigma_g=1e-2)
#创建簇
code, V = ncut.cluster(A, k=3, ndim=3)
print(array(V).shape)
print("ncut finish")
#变换到原来的图像大小
# codeim = imresize(code.reshape(wid,wid),(m,n),interp='nearest')
codeim = array(Image.fromarray(code.reshape(wid, wid)).resize((n, m), Image.NEAREST))
# imshow(imresize(V[i].reshape(wid,wid),(m,n),interp='bilinear'))
# v = zeros((m,n,4),int)
```

```
v = zeros((4, m, n), int)
for i in range(4) :
    v[i] = array(Image.fromarray(V[i].reshape(wid, wid)).resize((n, m), Image.BILINEAR))
#绘制分割结果
fig = figure()
gray()
subplot(242)
axis('off')
imshow(im)
subplot(243)
axis('off')
imshow(codeim)
show()
```

在该例中，用到了静态手势(Static Hand Posture)数据库的某幅手势图像，并且聚类数 k 设置为 3。分割结果如图 5-14 所示，取前 4 个特征向量。

(a) 原始图像   (b) 分割结果

图 5-14 利用聚类分割图像

5.5 其他分割算法

下面讨论其他几种常用的图像分割算法，并将使用这些算法得到的结果与输入图像进行比较。

5.5.1 菲尔森茨瓦布算法

菲尔森茨瓦布(Fzlzenszwalb)算法采用了一种基于图的分割方法。它先构造一个无向图，以图像像素作为顶点(要分割的集合)，并以两个顶点之间的边的权重来度量不相似性

(例如强度上的差异)。在基于图的分割方法中，将图像分割成片段的问题转化为在构建的图中找到一个连接的组件问题。同一组件中两个顶点之间的边的权重应相对较低，不同组件中顶点之间的边的权重应较高。

    菲尔森茨瓦布算法的运行时间几乎与图形边的数量呈线性关系，在实践中计算速度也很快。该算法保留了低变异性图像区域的细节，忽略了高变异性图像区域的细节，而且具有一个影响分割片段大小的单尺度参数。基于局部对比度，分割片段的实际大小和数量可以有很大的不同。使用 scikit-image 分割模块可以实现该算法，这里使用几幅输入图像得到输出分割图像，具体代码如下：

```python
import numpy as np
from skimage.io import imread
from skimage import img_as_float
import matplotlib.pyplot as pylab
from skimage.segmentation import felzenszwalb
from skimage.segmentation import find_boundaries
from matplotlib.colors import LinearSegmentedColormap
for imfile in [ 'empire.jpg']:
    #读取图像
    img = img_as_float(imread(imfile)[::2, ::2, :3])
    pylab.figure(figsize=(20,10))
    segments_fz = felzenszwalb(img, scale=100, sigma=0.5, min_size=400)
    borders = find_boundaries(segments_fz)
    unique_colors = np.unique(segments_fz.ravel())
    segments_fz[borders] = -1
    #设置颜色
    colors = [np.zeros(3) ]
    for color in unique_colors:
        colors.append(np.mean(img[segments_fz == color], axis=0))
    cm = LinearSegmentedColormap.from_list('pallete', colors, N=len(colors))
    pylab.subplot(121), pylab.imshow(img), pylab.title('Original', size=20),\
pylab.axis('off')
    pylab.subplot(122), pylab.imshow(segments_fz, cmap=cm),
    #设置显示参数
    pylab.title('Segmented with Felzenszwalbs\'s method', size=20),\
pylab.axis('off')
    pylab.show()
```

运行上述代码，输出结果如图 5-15 所示。

Original Segmented with Felzenszwalb's method

(a) 原始图像 (b) 分割结果

图 5-15 原始图像与使用菲尔森茨瓦布算法分割后的图像

5.5.2 活动轮廓算法

活动轮廓模型(也称为蛇模型)是一个框架,用于拟合打开或闭合样条曲线与图像中的线或边缘。这里的"蛇"是一种受约束、图像和内力影响的能量最小、可变形的样条曲线。因此,活动轮廓模型通过部分由图像定义,部分由样条的形状、长度和平滑度定义的最小化能量来工作。约束和图像外力将"蛇"拉向目标轮廓,内力则抵抗变形。活动轮廓算法围绕感兴趣的目标初始化"蛇",并让它收缩或膨胀,以使封闭的轮廓与感兴趣的目标相拟合,在图像能量和形状能量中显式地实现了最小值。由于点的数量是恒定的,因此需要确保初始的"蛇"有足够的点来捕捉最终轮廓的细节。scikit-image 文档中的如下例子,活动轮廓模型被用来在人脸边缘拟合样条曲线,将宇航员的脸与图像的其余部分分割开来。在预处理步骤对图像进行一些平滑处理。在宇航员的面部周围初始化一个圆圈,并使用默认边界条件 bc='periodic'拟合闭合曲线。欲使曲线搜索到边缘(例如脸部的边界),需使用默认参数值 w_line=0, w_edge=1。这里使用 active_contour()函数进行分割(函数运行一个迭代算法,其中迭代算法的最大迭代次数可以由函数的参数指定),并显示在不同的迭代次数(max_iteration)下,在内部运行算法得到闭合轮廓线。具体代码如下:

```
import numpy as np
import matplotlib.pyplot as pylab
from skimage import data
from skimage.color import rgb2gray
from skimage.filters import gaussian
from skimage.segmentation import active_contour
#读取图片
img = data.astronaut()
img_gray = rgb2gray(img)
s = np.linspace(0, 2*np.pi, 400)
```

```
x = 220 + 100*np.cos(s)
y = 100 + 100*np.sin(s)
init = np.array([x, y]).T
i = 1
pylab.figure(figsize=(20,20))
#设置不同迭代次数
for max_it in [20, 30, 50, 100]:
    snake = active_contour(gaussian(img_gray, 3), init, alpha=0.015,
beta=10,gamma=0.001, max_iterations=max_it)
    pylab.subplot(2,2,i), pylab.imshow(img), pylab.plot(init[:, 0], init[:,1],          '--b', lw=3)
    pylab.plot(snake[:, 0], snake[:, 1], '-r', lw=3)
    pylab.axis('off'), pylab.title('max_iteration=' + str(max_it), size=20)
    i += 1
    pylab.tight_layout(), pylab.show()
```

运行上述代码，输出结果如图 5-16 所示。由图可以看到，初始圆是蓝色的虚线圆，活动轮廓算法迭代缩小轮廓(红线表示)，从圆开始向人脸方向收缩，最后在 max_iteration=100 (最大迭代次数为 100)处，实现与人脸边界匹配，从而将人脸从图像中分割出来。

max_iteration=20

max_iteration=30

(a) 最大迭代次数 20　　　　　　　　　　(b) 最大迭代次数 30

max_iteration=50

max_iteration=100

(c) 最大迭代次数 50　　　　　　　　　　(d) 最大迭代次数 100

图 5-16　使用活动轮廓算法(不同的最大迭代次数下)分割人脸图像

本 章 小 结

图像分割是图像处理中不可或缺的技术，图像分割技术是计算机视觉领域的一个重要的研究方向，是图像语义理解的重要一环。

本章主要介绍了图像分割的概念和一些经典常用的图像分割方法，主要内容包括基于阈值的图像分割方法，基于边缘或区域的图像分割方法及具体实现过程，图割的概念与方法以及使用聚类进行图像分割的相关思想。最后简单介绍了一些图像分割的其他算法。以上所介绍的图像分割方法都属于经典传统的方法，近些年来随着深度学习技术的逐步深入，图像分割技术有了突飞猛进的发展，相关的场景物体分割、人体前背景分割、人脸人体 Parsing、三维重建等技术已经在无人驾驶、现实增强、安防监控等行业得到了广泛应用。本书的第 11 章将详细介绍计算机视觉应用中的语义分割技术。

习   题

1. 什么是图像分割？什么是边缘检测？实现方法有哪些？

2. 在阈值法分割中，阈值如何选择？

3. 用图割方法将当前分割结果用于训练下一个新的前景和背景模型，实现一种迭代分割方法，这样能够提高分割质量吗？

4. 改变归一化割的边的权重参数，观察其如何影响特征向量图像以及分割的结果。

第6章　深度神经网络基础

计算机视觉是机器学习在视觉领域中的应用，深度学习是机器学习的一个分支，是指一类问题以及解决这类问题的方法，是从有限样例中通过算法总结出一般性的规律，并可应用到新的未知数据上。深度学习以神经网络为主要模型。神经网络有几种不同的形式，包括递归神经网络、卷积神经网络、人工神经网络和前馈神经网络，它们都以某种相似的方式起作用，通过输入数据并让模型自己确定其是否对给定的数据元素做出了正确的解释或决策。

深度神经网络(Deep Neural Networks，DNN)是深度学习的一种框架，它是一种具备至少一个隐藏层的神经网络。与浅层神经网络类似，深度神经网络也能够为复杂非线性系统建模，多出的层次为模型提供了更高的抽象层次，因而提高了模型的建模能力和表达能力。

6.1　神经网络的基本概念

人工神经网络(Artificial Neural Networks，ANN)也称为连接模型(Connection Model)，是 20 世纪 80 年代以来人工智能领域兴起的研究热点。它模仿动物神经网络行为特征，并从信息处理角度对人脑神经元网络进行抽象，建立某种分布式并行信息处理的算法数学模型。生物神经元如图 6-1 所示，其中树突用于接收输入信息，输入信息经过突触处理，当达到一定条件时通过轴突传出，此时神经元处于激活状态；反之，没有达到相应条件时，神经元处于抑制状态。这便是人类思考的过程，即处理神经元收到的信息，并向其他神经元传递信息。

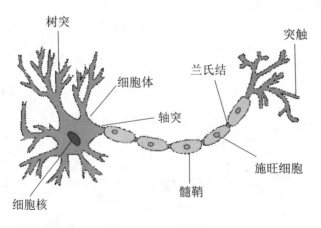

图 6-1　生物神经元

受生物神经元的启发，1943 年，心理学家 W.S.McCulloch 和数理逻辑学家 W.Pitts 建立了神经网络和数学模型，称为 MP 模型。他们通过 MP 模型提出了神经元的形式化数学描述和网络结构方法，证明了单个神经元能执行逻辑功能，从而开创了人工神经网络研究的时代。迄今为止，人工神经网络算法已被用于解决大量的实际问题。人工神经元又称为感知器，如图 6-2 所示，输入信号经过加权和偏置后，由激活函数处理，最后得到输出。

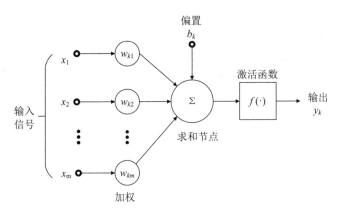

图 6-2　人工神经元

生物神经元和人工神经元的对应关系如表 6-1 所示。

表 6-1　生物神经元与人工神经元对应关系

生物神经元	人工神经元
细胞核	神经元
树突	输入
轴突	输出
突触	权重

作为一种运算模型，神经网络由大量的节点(或称神经元)相互连接构成。每个节点代表一种特定的输出函数，称为激活函数(Activation Function)。每两个节点间的连接都代表一个通过该连接信号的加权值，称为权重，这相当于人工神经网络的记忆。人工神经网络的输出则按照网络的连接方式、权重值和激活函数的不同而改变，所以人工神经网络能在外界信息的基础上改变内部结构，是一种自适应网络，而网络自身通常都是对自然界某种算法或者函数的逼近，也是对一种逻辑策略的表达。

人工神经网络通常是基于数学统计学方法的优化，所以人工神经网络也是数学统计学方法的一种实际应用，通过统计学的标准数学方法能够得到大量的可以用函数来表达的局部结构空间。

最近十多年，人工神经网络的研究工作不断深入，已经取得了很大的进展，其在模式识别、智能机器人、自动控制、预测估计、生物、医学、经济等领域已成功地解决了许多现代计算机难以解决的实际问题，表现出了良好的智能特性。

6.2　神经网络的基本结构

一个经典的神经网络包含 3 个层次的结构,第一列是输入层,中间列是隐藏层,最后一列是输出层。神经网络的基本结构如图 6-3 所示,输入层有 3 个输入单元,隐藏层有 4 个单元,输出层有 3 个单元。这种结构可类比人类的大脑,例如各层之间的关系就是假设领导要求你去完成一个任务,输入层是你收到命令去做某件事,隐藏层是大脑的思考过程(难度如何?多久能完成?需要怎么做?),输出层就是你最后答应了领导去完成这个任务。隐藏层的意义是给出思考过程,而深度学习的隐藏层更多,代表思考得更多。

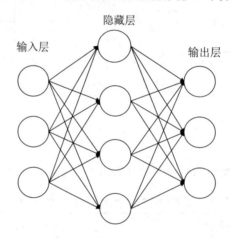

图 6-3　神经网络的基本结构

神经网络模型是以神经元的数学模型为基础来构造的。设计一个神经网络时,输入层与输出层的节点数往往是固定的,中间层则可以自由指定。神经网络结构图中的拓扑与箭头代表着预测过程数据的流向,而且跟训练时的数据流有一定的区别。值得注意的是,结构图里的关键不是圆圈(代表神经元),而是连接线(代表神经元之间的连接),每个连接线都对应一个不同的权重(其值称为权值),这是训练得到的。

当人们对生物神经系统进行研究,以探讨人工智能的机制时,把神经元数学化,从而产生了神经元数学模型,大量形式相同的神经元连接在一起就组成了神经网络模型。神经网络模型是由网络拓扑、节点特点和学习规则表示的,虽然每个神经元的结构和功能都不复杂,但是神经网络的动态行为是非常复杂的。因此,用神经网络可以表达实际物理世界的各种现象。

6.3　监督学习和无监督学习

监督学习(Supervised Learning)和无监督学习(Unsupervised Learning)是在机器学习中经常被提及的两个重要的学习方法,下面通过一个生活中的实例对这两个概念进行介绍。

假如有一堆由苹果和梨混在一起组成的水果,需要设计一个机器对这堆水果按苹果和梨分类，但是这个机器现在并不知道苹果和梨的样子，所以先要给出苹果和梨的图像，告诉机器苹果和梨的样子；经过多轮训练后，机器就能够准确地对图像中的水果类别做出判断，并且对苹果和梨的特征形成自己的定义；之后让机器对这堆水果进行分类，最终这堆水果被准确地按类别分开。这就是一个监督学习的过程。

如果没有拿苹果和梨的图像对机器进行系统训练，机器不知道苹果和梨具体的样子，而是直接让机器对这一堆水果进行分类，这就是一个无监督学习的过程。这里机器自己总结出了苹果和梨的特征，该过程看起来更贴近人工智能技术。

6.3.1　监督学习

可以对监督学习做如下简单定义：先提供一组输入数据和其对应的标签数据，然后搭建一个模型，让模型在通过训练后准确地找到输入数据和标签数据之间的最优映射关系，当输入新的数据后，模型能够通过之前学到的最优映射关系快速地预测这组新数据的标签。

实际应用中有两类问题使用监督学习的频次较高，这两类问题分别是回归问题和分类问题。

1. 回归问题

回归问题就是使用监督学习的方法，让搭建的模型在通过训练后建立起一个连续的线性映射关系，其重点如下：

(1) 通过提供数据训练模型，让模型得到映射关系并能对新的输入数据进行预测；

(2) 得到的映射关系是线性连续的对应关系。

下面通过图 6-4 直观地分析一个线性回归问题。

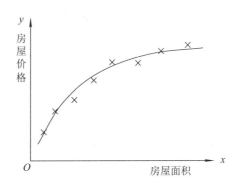

图 6-4　线性回归模型

图 6-4 中提供的数据是二维的，其中 x 轴表示房屋面积，y 轴表示房屋价格，叉号表示的单点是房屋价格和房屋面积相对应的数据。在该图中有一条弧形的曲线，这条曲线就是使用单点数据通过监督学习的方法最终拟合出来的线性映射关系。无论想要得到哪种房屋面积对应的房屋价格，通过使用这个线性映射关系，都能很快地做出预测。这就是一个线性回归的完整过程。

线性回归的使用场景是已经获得一部分有对应关系的原始数据，并且问题的最终答案是得到一个连续的线性映射关系。线性回归过程就是使用原始数据对建立的初始模型不断地进行训练，让模型不断拟合和修正，最后得到想要的线性模型，这个线性模型能够对之后输入的新数据进行准确的预测。

2. 分类问题

分类问题就是使搭建的模型在通过监督学习之后建立起一个离散的映射关系。分类模型和回归问题在本质上有很大的不同，它依然需要使用提供的数据训练模型让模型得到映射关系，并能够对新的输入数据进行预测，不过最终得到的映射模型是一种离散的对应关系。图 6-5 所示就是一个分类模型的实例。

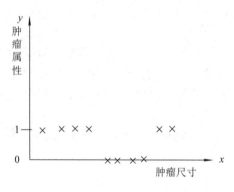

图 6-5　分类模型

在图 6-5 中使用的依然是两个维度的数据，x 轴表示肿瘤尺寸，y 轴表示肿瘤属性，即是良性肿瘤还是恶性肿瘤。因为 y 轴只有两个离散的输出结果，即 0 和 1，所以用 0 表示良性肿瘤，用 1 表示恶性肿瘤。通过监督学习的方法对已有的数据进行训练，最后得到一个分类模型，这个分类模型能够对输入的新数据进行分类，预测它们最有可能归属的类别。因为这个分类模型最终输出的结果只有两个，所以通常也把这种类型的分类模型叫作二分类模型。

分类模型的输出结果有时不止两个，也可以有多个，多分类问题比二分类问题更复杂。可以将刚才的实例改造成一个四分类问题，例如将肿瘤属性对应的最终输出结果改成 4 个：0 表示良性肿瘤；1 表示第 1 类肿瘤；2 表示第 2 类肿瘤；3 表示第 3 类肿瘤，这样就构造出了四分类模型。当然，这也需要相应地调整用于模型训练的输入数据，因为现在的标签数据变成了 4 个，不调整会导致模型不能被正常训练。依照四分类模型的构造方法，还能够构造出五分类模型甚至五分类以上的多分类模型。

6.3.2　无监督学习

可以对无监督学习做如下简单定义：提供一组没有任何标签的输入数据，将其在搭建好的模型中进行训练，对整个训练过程不加任何干涉，最后得到一个能够发现数据之间隐藏特征的映射模型，使用这个映射模型能够实现对新数据的分类。无监督学习主要依靠模型自己寻找数据中隐藏的规律和特征，人工参与的成分远远少于监督学习的过程。图 6-6 示出了使用监督学习和无监督学习完成数据分类的效果。

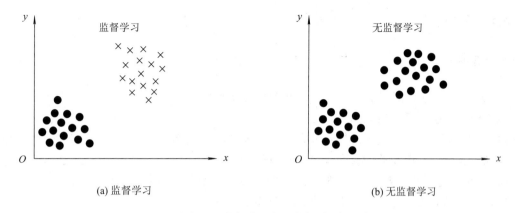

(a) 监督学习　　　　　　　　　　　　　　(b) 无监督学习

图 6-6　监督学习与无监督学习

在图 6-6 中，图(a)显示的是监督学习中的一个二分类模型，因为每个数据都有自己唯一对应的标签，这个标签在图中体现为叉号或者圆点；图(b)显示的是无监督学习的分类结果，虽然数据最终也被分成了两类，但没有相应的数据标签，统一使用圆点表示，无监督学习将具有相似关系的数据聚集一起，所以使用无监督学习实现分类的算法又称为聚类。在无监督学习训练的整个过程中，需要做的仅仅是将训练数据提供给模型，让它自己挖掘数据中的特征和关系即可。

通过总结以上内容，可以发现监督学习和无监督学习的主要区别如下：

(1) 通过监督学习，能够按照指定的训练数据搭建出想要的模型，但这个过程需要投入大量的精力处理原始数据，也因为设计者的紧密参与，所以最后得到的模型更符合设计者的需求和初衷。

(2) 通过无监督学习搭建的训练模型，能够自己寻找数据之间隐藏的特征和关系，更具有创造性，有时还能够挖掘到数据之间意想不到的映射关系，不过最后的结果也可能会向不好的方向发展。

监督学习和无监督学习各有利弊，用好这两种方法对于挖掘数据的特征和搭建强泛化能力的模型是必不可少的。

除了上面提到的监督学习和无监督学习方法之外，在实际应用中还有半监督学习和弱监督学习等更具创新性的方法，例如半监督学习结合了监督学习和无监督学习各自的优点，是一种更先进的方法。因此，需要深刻理解各种学习方法的优缺点，这样才能在每个应用场景中使用具体的学习方法来更好地解决问题。

6.4　欠拟合和过拟合

可以将搭建的模型是否发生欠拟合或者过拟合作为评价模型的拟合程度的指标。欠拟合和过拟合的模型预测新数据的准确性都不理想，最显著的特点就是拥有欠拟合特性的模型对已有数据的匹配性很差，不过对数据中的噪声不敏感；而拥有过拟合特性的模型对数据的匹配性强，但对数据中的噪声非常敏感。接下来介绍这两种拟合的具体细节。

6.4.1　欠拟合

首先通过之前在监督学习中讲到的线性回归的实例，来直观地感受一下模型的欠拟合情景。

图 6-7(a)所示的是已获得的房屋面积和房屋价格的关系数据。图 6-7(b)所示的是一个欠拟合模型，这个模型虽然捕获了数据的一部分特征，但是不能很好地对新数据进行准确预测。因为这个欠拟合模型的缺点非常明显，如果输入的新数据的真实价格在该模型的上下移动，那么相同面积的房屋在模型中得到的预测价格会和真实价格存在较大的误差。图 6-7(c)所示的是一个正常拟合模型，在某种程度上，该模型已经捕获了原始数据的大部分特征，与欠拟合模型相比，不会存在过于严重的问题。

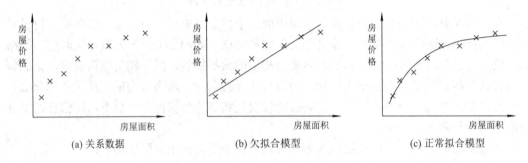

图 6-7　房屋面积和房屋价格的关系数据及模型

解决欠拟合问题，主要应从以下三方面着手：

(1) 增加特征项。在大多数情况下出现欠拟合是因为没有准确把握数据的主要特征，所以可以尝试在模型中加入更多的和原数据有重要相关性的特征来训练搭建的模型，这样得到的模型可能会有更好的泛化能力。

(2) 构造复杂的多项式。一次项函数就是一条直线，二次项函数是一条抛物线，一次项和二次项函数的特性决定了它们的泛化能力是有局限性的。如果数据不在直线或者抛物线附近，那么必然出现欠拟合的情形，所以可以通过增加函数中的多项式来增强模型的变化能力，从而提升模型泛化能力。

(3) 减少正则化参数。使用正则化参数的目的是防止过拟合情形的出现，但是如果模型已经出现了欠拟合的情形，那么就要通过减少正则化参数来消除欠拟合。

6.4.2　过拟合

同样，可以通过之前在监督学习中讲到的线性回归的实例来直观地感受一下模型的过拟合。

图 6-8(a)所示的仍然是之前已获得的房屋面积和房屋价格的关系数据。图 6-8(b)所示的是一个过拟合的模型，由图可以看到这个模型过度捕获了原数据的特征。过拟后模型不仅同之前的欠拟合模型存在同样的问题，而且过拟合模型受原数据中的噪声数据影响非常严重。如图 6-8(c)所示，如果噪声数据严重偏离既定的数据轨道，则拟合的模型会发生很大改变，这个影响有时是灾难性的。

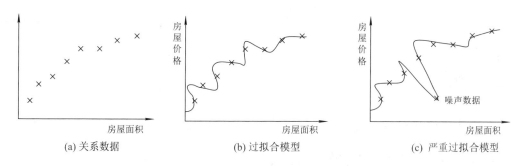

图 6-8　房屋面积和价格的关系数据及模型

　　在实践中解决过拟合问题时，主要应从以下三方面着手：

　　(1) 增加训练的数据量。在大多数情况下发生过拟合是因为用于模型训练的数据量太小，搭建的模型过度捕获了数据的有限特征，这时就会出现过拟合。在增加参与模型训练的数据量后，模型自然就能捕获数据的更多特征，模型就不会过于依赖数据的有限特征。

　　(2) 采用正则化方法。正则化一般指在目标函数之后加上范数，用来防止模型过拟合的发生。在实践中最常用到的正则化方法有 L0 正则、L1 正则和 L2 正则。

　　(3) 采用 Dropout 方法。Dropout 方法在网络模型中使用的频次较高，简单来说就是在神经网络模型进行前向传播的过程中，随机选取和丢弃指定层次之间的部分神经连接，因为整个过程是随机的，所以能有效防止过拟合发生。

6.5　反向传播

　　深度学习中的反向传播主要用于对神经网络模型中的参数进行微调，多次反向传播后就可以得到模型的最优参数组合。下面介绍反向传播这一系列的优化过程具体是如何实现的。深度神经网络中的参数进行反向传播的过程其实就是一个复合函数求导的过程。

　　首先来看一个模型结构相对简单的实例。在这个实例中定义模型的前向传播的计算函数为 $f = (x + y) \times z$，其流程如图 6-9 所示。

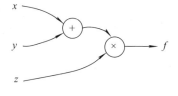

图 6-9　前向传播

　　假设输入数据 $x = 2$、$y = 5$、$z = 3$，则可以得到前向传播的计算结果 $f = (x + y) \times z = 21$，如果把原函数改写成复合函数的形式 $h = x + y = 7$，就可以得到 $f = h \times z = 21$。

　　接下来看看在反向传播中需要计算的内容。假设在反向传播的过程中需要调整的参数有 3 个，分别是 x、y、z。这 3 个参数每轮反向传播的微调值为 $\dfrac{\partial f}{\partial x}$、$\dfrac{\partial f}{\partial y}$ 和 $\dfrac{\partial f}{\partial z}$，反向传播计算的都是偏导数，把求偏导的步骤进行拆解，就更容易理解整个反向传播计算过程了。

首先分别计算 $\dfrac{\partial h}{\partial y}=1$、$\dfrac{\partial h}{\partial x}=1$、$\dfrac{\partial f}{\partial z}=h$、$\dfrac{\partial f}{\partial h}=z$，然后计算 x、y、z 的反向传播微调值，即它们的偏导数。

(1) z 的偏导数为 $\dfrac{\partial f}{\partial z}=7$。

(2) y 的偏导数为 $\dfrac{\partial f}{\partial y}=\dfrac{\partial f}{\partial h}\times\dfrac{\partial h}{\partial y}=z\times 1=3$。

(3) x 的偏导数为 $\dfrac{\partial f}{\partial x}=\dfrac{\partial f}{\partial h}\times\dfrac{\partial h}{\partial x}=z\times 1=3$。

在清楚反向传播的大致计算流程和思路后，再来看一个模型结构相对复杂的实例，其结构是一个初级神经网络，如图 6-10 所示。

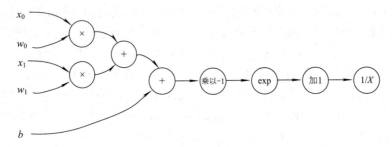

图 6-10　初级神经网络

假设 $x_0=1$、$x_1=1$、$b=-1$，同时存在相对应的权重值 $w_0=0.5$、$w_1=0.5$，使用 Sigmoid 作为该神经网络的激活函数，就可以得到前向传播的计算函数为 $f=\dfrac{1}{1+\mathrm{e}^{-(w_0 x_0+w_1 x_1+b)}}$，将相应的参数代入函数中进行计算，得到 $f=\dfrac{1}{1+\mathrm{e}^0}=0.5$，之后再对函数进行求导。同样，可以将原函数进行简化，改写成复合函数的形式求解，令 $h=w_0 x_0+w_1 x_1+b=0$，简化后的函数为 $f(h)=\dfrac{1}{1+\mathrm{e}^{-h}}=0.5$，在分别计算后得到 $\dfrac{\partial h}{\partial x_0}=w_0=0.5$、$\dfrac{\partial h}{\partial x_1}=w_1=0.5$，有了以上结果后，下面来看 x_0、x_1 的反向传播微调值。

(1) x_0 的反向传播的微调值为

$$\frac{\partial f}{\partial x_0}=\frac{\partial f}{\partial h}\frac{\partial h}{\partial x_0}=\big(1-f(h)\big)f(h)\times 0.5=(1-0.5)\times 0.5\times 0.5=0.125$$

(2) x_1 的反向传播的微调值为

$$\frac{\partial f}{\partial x_1}=\frac{\partial f}{\partial h}\frac{\partial h}{\partial x_1}=\big(1-f(h)\big)f(h)\times 0.5=(1-0.5)\times 0.5\times 0.5=0.125$$

反向传播算法的主要思想是：

（1）将训练集数据输入神经网络的输入层，经过隐藏层，最后到达输出层并输出结果，这是神经网络的前向传播过程。

（2）由于神经网络的输出结果与实际结果有误差，则计算估计值与实际值之间的误差，并将该误差从输出层向隐藏层反向传播，直至传播到输入层。

（3）在反向传播的过程中，根据误差调整各参数的值，不断迭代上述过程，直至收敛。

6.6　损失和优化

深度神经网络中的损失用来度量模型得到的预测值和真实值之间的差距，也是一个用来衡量训练出的模型泛化能力好坏的重要指标。模型预测值和真实值的差距越大，损失值就会越高，这时就需要通过不断地对模型中的参数进行优化来减少损失；同理，预测值和真实值的差距越小，则说明训练的模型预测越准确，模型具有更好的泛化能力。

对模型进行优化的最终目的是尽可能地在不过拟合的情况下降低损失值。在拥有一部分数据的真实值后，可通过模型获得这部分数据的预测值，然后计算预测值与真实值之间的损失值，通过不断地优化模型参数来使这个损失值尽可能小。可见，优化在模型的整个过程中有举足轻重的作用。

下面介绍损失和优化的具体应用过程。以 6.3 节的二分类问题为例，该问题的设计目的是让搭建的模型能够对混合在一起的水果进行准确分类。首先，建立一个二分类模型，对这堆水果进行第 1 轮预测，得到预测值 y_{pred}，同时把这堆水果中每个水果的真实类别记作真实值 y_{true}，将 y_{true} 与 y_{pred} 之间的差值作为第 1 轮的损失值。第 1 轮计算得到的损失值极有可能会较大，这时就需要对模型中的参数进行优化，在优化过程中对参数进行相应的更新，然后进行第 2 轮的预测和误差值计算。如此循环往复，最后得到理想模型，该模型的预测值和真实值的差距足够小。

在上面的二分类问题的解决过程中，计算模型的真实值和预测值之间损失值的方法有很多，而进行损失值计算的函数叫作损失函数；同样，对模型参数进行优化的函数也有很多，这些函数叫作优化函数。下面对几种较为常用的损失函数和优化函数进行介绍。

6.6.1　损失函数

在深度学习实践中常用到的损失函数包括均方误差函数、均方根误差函数和平方绝对误差函数。

1. 均方误差函数

均方误差(Mean Square Erro，MSE)函数主要计算预测值与真实值之差的平方的期望值，可用于评价数据的变化程度。均方误差函数得到的值越小，说明模型的预测精确度越好。均方误差函数的计算如下：

$$\text{MSE} = \frac{1}{N} \sum_{i=1}^{N} \left(y_{\text{true}}^{i} - y_{\text{pred}}^{i} \right)^2 \tag{6-1}$$

式中，y_{pred} 表示模型的预测值，y_{true} 表示真实值，上标 i 表明进行损失计算的真实值和预测值的具体编号。

2. 均方根误差函数

均方根误差(Root Mean Square Error，RMSE)函数是在均方误差函数基础上进行的改良，计算的是均方误差的算术平方根值。均方根误差函数得到的值越小，说明模型的预测精确度越好。均方根误差函数的计算如下：

$$\text{RMSE} = \sqrt{\frac{1}{N}\sum_{i=1}^{N}\left(y_{\text{true}}^{i} - y_{\text{pred}}^{i}\right)^{2}} \tag{6-2}$$

3. 平方绝对误差函数

平均绝对误差(Mean Absolute Error，MAE)函数计算的是绝对误差的平均值。绝对误差即模型预测值和真实值之差的绝对值，能更好地反映预测值误差的实际情况。平方绝对误差函数得到的值越小，说明模型的预测精确度越好。平均绝对误差函数的计算如下：

$$\text{MAE} = \frac{1}{N}\sum_{i=1}^{N}\left|\left(y_{\text{true}}^{i} - y_{\text{pred}}^{i}\right)\right| \tag{6-3}$$

6.6.2 优化函数

在计算出模型的损失值之后，需要利用损失值进行模型参数的优化。之前提到的反向传播只是模型参数优化中的一部分，在实际的优化过程中，还会面临在优化过程中相关参数的初始化、参数以何种形式进行微调、如何选取合适的学习速率等问题。可以把优化函数看作上述问题的解决方案的集合。

在实践操作中最常用到的是一阶优化函数，典型的一阶优化函数包括 GD、SGD、Momentum、Adagrad、Adam 等。一阶优化函数在优化过程中求解的是参数的一阶导数，这些一阶导数的值就是模型中参数的微调值。

这里引入了一个新的概念——梯度。梯度其实就是将多元函数的各个参数求得的偏导数以向量的形式展现出来，也叫作多元函数的梯度。举例来说明，有一个二元函数 $f(x,y)$，分别对其中的 x、y 求偏导数，然后把参数 x、y 求得的偏导数写成向量的形式，即 $\left[\begin{array}{cc}\dfrac{\partial f}{\partial x} & \dfrac{\partial f}{\partial y}\end{array}\right]$，这就是二元函数 $f(x,y)$ 的梯度，也可以将其记作 $\mathbf{grad}\, f(x,y)$。同理，三元函数 $f(x,y,z)$ 的梯度为 $\left[\begin{array}{ccc}\dfrac{\partial f}{\partial x} & \dfrac{\partial f}{\partial y} & \dfrac{\partial f}{\partial z}\end{array}\right]$，以此类推。

不难发现，梯度其实就是在反向传播中对每个参数求得的偏导数，所以在模型优化的过程中使用的参数微调值其实就是函数计算得到的梯度，这个过程又叫作参数的梯度更新。对于只有单个参数的函数，使用计算得到的导数来完成参数的更新，如果在一个函数中需要处理的是多个参数的问题，那么就使用计算得到的梯度来完成参数的更新。

下面介绍几种常用的优化函数。

1. 梯度下降

梯度下降(Gradient Descent, GD)是参数优化的基础方法。虽然梯度下降已被广泛应用，但是其自身存在许多不足，所以在其基础上改进的优化函数也非常多。

全局梯度下降的参数更新公式如下：

$$\theta_j = \theta_j - \eta \times \frac{\partial J(\theta_j)}{\partial \theta_j} \tag{6-4}$$

式中，$j = 0$，1，$\cdots$，n，n 为训练样本总数。可以将式(6-4)的等号看作编程中的赋值运算，θ 是优化的参数对象，η 是学习速率，$J(\theta)$ 是损失函数，$\frac{\partial J(\theta)}{\partial \theta}$ 是根据损失函数计算 θ 的梯度。学习速率用于控制梯度更新的快慢，如果学习速率过快，参数的更新跨步就会变大，极易出现局部最优和抖动；如果学习速率过慢，梯度更新的迭代次数就会增加，参数更新、优化的时间也会变长，所以选择一个合适的学习速率是非常关键的。

在每次计算损失值时，全局的梯度下降都是针对整个参与训练的数据集而言的，所以会出现一个令人困扰的弊端，即因为模型的训练依赖于整个数据集，所以增加了计算损失值的时间成本和模型训练过程中的复杂度，而参与训练的数据量越大，这个弊端越明显。

2. 批量梯度下降

为了避免全局梯度下降带来的弊端，人们对全局梯度下降进行了改进，创造了批量梯度下降(Batch Gradient Descent, BGD)的优化算法。批量梯度下降就是将整个参与训练的数据集划分为若干个大小相似的训练数据集，将其中一个训练数据集叫作一个批量；每次用一个批量的数据对模型进行训练，并以这个批量计算得到的损失值为基准对模型中的全部参数进行梯度更新；默认这个批量只使用一次，然后使用下一个批量数据完成相同的工作，直到所有批量的数据全部使用完毕。

假设划分的批量个数为 m，其中的一个批量包含 batch 个数据样本，那么一个批量梯度下降的参数更新公式如下：

$$\theta_j = \theta_j - \eta \times \frac{\partial J_{\text{batch}}(\theta_j)}{\partial \theta_j} \tag{6-5}$$

式中，$j = 0$，1，$\cdots$，batch，batch 为训练样本总数。从以上公式可以知道，批量梯度下降算法大体上和全局梯度下降算法相同，唯一的不同就是损失值的计算方式使用的是 $J_{\text{batch}}(\theta_j)$，即这个损失值是基于一个批量的数据进行计算的。如果将批量划分得足够好，则计算损失函数的时间成本和模型训练的复杂度将会大大降低，不过仍然存在一些不足，即选择批量梯度下降很容易导致优化函数的最终结果是局部最优解。

3. 随机梯度下降

还有一种方法能够很好地处理全局梯度下降的弊端，即随机梯度下降(Stochastic Gradient Descent, SGD)。随机梯度下降是通过随机的方式从整个参与训练的数据集中选取一部分参与模型的训练，所以只要随机选取的数据集大小合适，就不用担心计算损失函数的时间成本和模型训练的复杂度，而且随机梯度下降与整个参与训练的数据集的大小没有关系。

　　假设随机选取的一部分数据集包含 stochastic 个数据样本，那么随机梯度下降的参数更新公式如下：

$$\theta_j = \theta_j - \eta \times \frac{\partial J_{\text{stochastic}}(\theta_j)}{\partial \theta_j} \tag{6-6}$$

式中，$j = 0$，1，$\cdots$，stochastic，stochastic 为训练样本的总数。由上式可知，随机梯度下降和批量梯度下降的计算过程非常相似，只不过计算随机梯度下降损失值时使用的是 $J_{\text{stochastic}}(\theta_j)$，即这个损失值基于随机抽取的 stochastic 个训练数据集。随机梯度下降虽然很好地提升了训练速度，但是会在模型的参数优化过程中出现抖动的情况，原因是选取的参与训练的数据集是随机的，所以模型会受到训练数据集中噪声数据的影响，又因为有随机的因素，所以也容易导致模型最终得到局部最优解。

4. Adam

　　自适应时刻估计(Adaptive Moment Estimation，Adam)方法是一个比较"智能"的优化函数方法。Adam 在模型训练优化的过程中通过让每个参数获得自适应的学习率，来达到优化质量和提升速度。举个简单的实例，假设一开始进行模型参数训练时的损失值比较大，这时需要使用较大的学习速率让模型参数进行较大的梯度更新；当后期损失值已经趋近最小，这时就需要使用较小的学习速率让模型参数进行较小的梯度更新，以防止在优化过程中出现局部最优解。

　　实际应用中的自适应优化函数不只 Adam 这一种类型，不过该方法在最后取得的效果都比较理想，这主要是 Adam 有收敛速度快、学习效果好的优点，而且对于在优化过程中出现的学习速率消失、收敛过慢、高方差的参数更新等导致损失值波动等问题，Adam 都有很好的解决方案。

6.7　激活函数

　　在了解感知机和多层感知机时，很容易得到一个没有激活函数的单层神经网络模型，其数学表示如下：

$$f(x) = \boldsymbol{W} \cdot \boldsymbol{X} \tag{6-7}$$

式中，大写字母代表矩阵或者张量。下面搭建一个两层的神经网络模型并在模型中加入激活函数。假设激活函数的激活条件是比较 0 和输入值中的最大值，如果小于 0，则输出结果为 0；如果大于 0，则输出结果是输入值本身。同时，在神经网络模型中加入偏置(Bias)，偏置可以使搭建的神经网络模型偏离原点，而没有偏置的函数必定会经过原点。例如 $f(x) = 2 \cdot x$ 是不带偏置的函数，而 $g(x) = 2 \cdot x + 3$ 是偏置为 3 的函数。模型偏离原点的好处是模型具有更强的交换能力，在面对不同的数据时拥有更好的泛化能力。在增加偏置后，之前的单层神经网络模型的数学表示如下：

$$f(x) = \boldsymbol{W} \cdot \boldsymbol{X} + b \tag{6-8}$$

如果搭建两层神经网络，那么加入激活函数的两层神经网络的数学表示如下：

$$f(x) = \max\left(W_2 \cdot \max\left(W_1 \cdot X + b_1, \ 0\right) + b_2, \ 0\right) \tag{6-9}$$

如果是更多层次的神经网络模型，例如一个三层神经网络模型，并且每层的神经输出都使用同样的激活函数，那么数学表示如下：

$$f(x) = \max\left(W_3 \cdot \max(W_2 \cdot \max(W_1 \cdot X + b_1, \ 0) + b_2, \ 0) + b_3, \ 0\right) \tag{6-10}$$

对于深度更深的神经网络模型可依如上原则进行类推。就数学意义而言，在构建神经网络模型的过程中，激活函数发挥了重要的作用。例如就上面的三层神经网络模型而言，如果没有激活函数，而只是一味地加深模型层次，则搭建出的神经网络数学表示如下：

$$f(x) = W_3 \cdot \left(W_2 \cdot \left(W_1 \cdot X + b_1\right) + b_2\right) + b_3 \tag{6-11}$$

由式(6-11)可以看出，上面的模型存在一个很大的问题，即它仍然是一个线性模型，如果不引入激活函数，则无论加深多少层，其结果都一样。线性模型在应对非线性问题时会存在很大的局限性。激活函数的引入使搭建的模型能考虑非线性因素，非线性模型能够处理更复杂的问题，所以通过选取不同的激活函数便可以得到复杂多变的深度神经网络，从而应对诸如图片分类这类复杂的问题。

下面讲解在实际应用最常用到的三种非线性激活函数：Sigmoid、tanh 和 ReLU 函数。

6.7.1　Sigmoid 函数

Sigmoid 函数的数学表达式如下：

$$f(x) = \frac{1}{1 + e^{-x}} \tag{6-12}$$

根据 Sigmoid 函数的数学表达式，可以得到 Sigmoid 函数的几何图形，如图 6-11 所示。

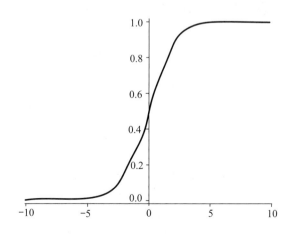

图 6-11　Sigmoid 函数

从图 6-11 中可以看到，输入 Sigmoid 激活函数的数据经过激活后输出数据的范围为 0～1，输入数据越大，输出数据越靠近 1，反之越靠近 0。Sigmoid 在一开始被作为激活函数使用时就受到了大众的普遍认可，其主要原因是从输入到经过 Sigmoid 激活函数激活输出的一系列过程与生物神经网络的工作机理非常相似。不过 Sigmoid 作为激活函数的缺点也非常明显，其最大的缺点就是使用 Sigmoid 函数作为激活函数会导致模型的梯度消失，因为 Sigmoid 导数的取值范围为 0～0.25，如图 6-12 所示。

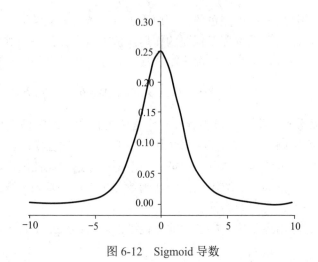

图 6-12　Sigmoid 导数

根据复合函数的链式法则，如果每层神经网络的输出节点都使用 Sigmoid 作为激活函数，那么在反向传播的过程中每反向经过一个节点，就要乘以一个 Sigmoid 导数，而 Sigmoid 的导数的取值范围为 0～0.25，所以即便每次乘上 Sigmoid 导数中的最大值 0.25，也相当于在反向传播的过程中每反向经过一个节点，梯度值的大小就会变成原来的 1/4，如果模型层次达到了一定深度，那么反向传播会导致梯度值越来越小，直到梯度消失。

其次 Sigmoid 函数的输出值恒大于 0，这会导致模型在优化的过程中收敛速度变慢。因为深度神经网络模型的训练和参数优化往往需要消耗大量的时间，如果模型的收敛速度变慢，就会增加时间成本。考虑这一点，在选取参与模型中相关计算的数据时，要尽量使用零中心(Zero-Centered)数据，而且要尽量保证计算得到的输出结果是零中心数据。

6.7.2　tanh 函数

tanh 函数的数学表达式如下：

$$f(x) = \frac{e^x - e^{-x}}{e^x + e^{-x}} \tag{6-13}$$

根据 tanh 函数的数学表达式可以得到 tanh 函数的几何图形，如图 6-13 所示。

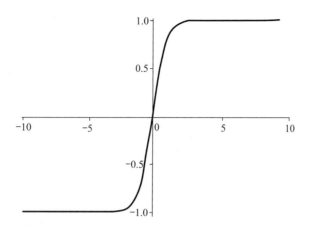

图 6-13 tanh 函数

从图 6-13 中可以看出，tanh 函数的输出结果是零中心数据，解决了激活函数在模型优化过程中收敛速度变慢的问题。而 tanh 函数的导数取值范围为 0~1，仍然不够大，如图 6-14 所示。

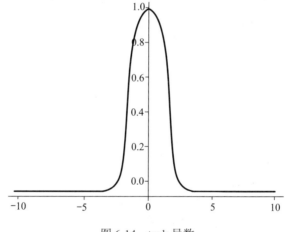

图 6-14 tanh 导数

因为导数取值范围的关系，tanh 函数在深度神经网络模型的反向传播过程中仍有可能出现梯度消失的情况。

6.7.3 ReLU 函数

ReLU(Rectified Linear Unit，修正线性单元)函数是目前在深度神经网络模型中使用率最高的激活函数，其数学表达式如下：

$$f(x) = \max(0, x) \tag{6-14}$$

ReLU 函数通过判断 0 和输入数据 x 中的最大值作为结果进行输出，即如果 $x<0$，则输出结果为 0；如果 $x>0$，则输出结果为 x。ReLU 函数逻辑非常简单，使用该激活函数的模型在实际计算过程中非常高效。根据 ReLU 函数的数学表达式，可以得到 ReLU 函数的几何图形，如图 6-15 所示。

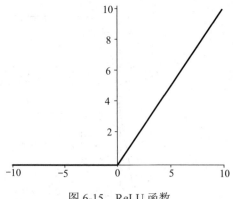

图 6-15　ReLU 函数

ReLU 函数的收敛速度非常快，其计算效率远远高于 Sigmoid 和 tanh 函数，其优点总结如下：

(1) 解决了随着网络层数的加深而出现的梯度消失的情况；

(2) ReLU 函数的计算速度非常快，只需要判断输入是否大于 0 即可；

(3) 收敛速度远远快于 Sigmoid 和 tanh 函数。

ReLU 函数成为许多人搭建深度神经网络模型时使用的主流激活函数，同时该函数也在不断被改进，现在已经出现了很多 ReLU 函数的改进版本，例如 Leaky-ReLU 和 R-ReLU 函数等。

本 章 小 结

本章主要介绍了深度神经网络的基础知识，涉及神经网络的基本概念、基本结构，监督学习和无监督学习，欠拟合和过拟合，反向传播，损失函数、优化函数以及激活函数等概念。本章还介绍了几种常见的激活函数，包括 Sigmoid 函数、ReLU 函数和 tanh 函数等。这些激活函数在神经网络中非常重要，可以帮助神经网络更好地适应不同类型的数据和任务。

本章所介绍的深度神经网络的基础知识是深度学习的基础，也是计算机视觉领域的重要知识点。目前，深度学习已经在图像分类、目标检测、图像分割等领域取得了很大的成功，将为生产和生活带来更多的便利，因此，学习深度神经网络是深入学习计算机视觉的必要前提，有助于学习后续的卷积神经网络。

习 　 题

1. 梯度下降算法的正确步骤是什么？

2. 为什么 ReLU 函数常作为神经网络的激活函数？

3. 训练开始时有一个停滞期，这是因为神经网络在进入全局最小值之前陷入局部最小值。为了避免这种情况，可采取什么策略？

4. 训练神经网络过程中，损失函数在一些时期(Epoch)不再减小，原因可能是什么？

第7章　卷积神经网络基础

卷积神经网络(Convolutional Neural Networks，CNN)可以说是深度神经网络模型中的"明星"网络结构，在计算机视觉方面贡献颇丰。一个标准的卷积神经网络结构主要由卷积层、池化层和全连接层等核心层次构成，卷积层、池化层和全连接层不仅是搭建卷积神经网络的基础，也是需要重点理解和掌握的内容。本章将介绍卷积神经网络的基本概念与结构，并对卷积层、池化层和全连接层进行详细介绍，再介绍如何使用这些基本的层次结构，并配合一些调整和改进方法来搭建形态各异的卷积神经网络模型。

7.1　卷积神经网络的基本概念

一般来说，计算机视觉图像普遍采用 RGB 颜色模型来表达，即从红、绿、蓝三原色的色光以不同的比例相加产生多种多样的色光。因此，在 RGB 颜色模型中，基于灰度图像的单个像素矩阵就扩展成了有序排列的 3 个矩阵，其中，每一个矩阵又叫作这个图像的一个通道(Channel)。例如，有一张 JPG 格式的(480×480 像素)彩色图像，其对应的数组有 480×480×3 个元素(3 表示 RGB 的 3 个通道)。所以在计算机中，一张 RGB 图像是数字矩阵所构成的"长方体"，可用宽(Width)、高(Height)、深(Depth)来描述，如图 7-1 所示。

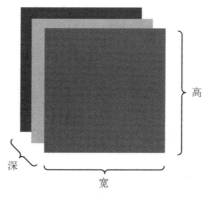

图 7-1　RGB 图像模型示意图

在应用计算机视觉时，要考虑如何处理这些作为输入的"长方体"，使用传统神经网络处理机器视觉的一个主要问题是输入层维度很大。例如，对于一张 64×64×3 的图像，神经网络输入层的维度为 12 288。如果图像尺寸较大，例如一张 1000×1000×3 的图像，神经网络输入层的维度将达到三百万，这将使网络权重 w 非常庞大。这样会造成两个问题，一是神经网络结构复杂，数据量相对不足，容易出现过拟合；二是所需内存、计算量较大。解决这一问题的方法就是使用卷积神经网络(CNN)。

卷积神经网络是由生物学家休博尔和维瑟尔在早期关于猫视觉皮层的研究基础上发展而来的。视觉皮层的细胞存在一个复杂的构造，这些细胞对视觉输入空间的子区域非常敏感，称为感受野。而卷积神经网络这一表述是由纽约大学的 Yann Lecun 于 1998 年提出来的，其本质是一个多层感知机(MLP)变种，成功应用的原因在于其所采用的局部连接和权值共享的方式。卷积神经网络是一种带有卷积结构的深度神经网络，卷积结构可以减少深层网络占用的内存。卷积神经网络包含局部感受野计算、权值共享和池化 3 个关键的操作，有效地减少了网络的参数个数，缓解了模型的过拟合问题。卷积神经网络的基本结构示意图如图 7-2 所示。

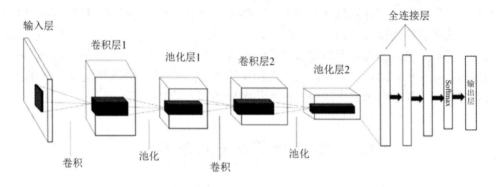

图 7-2　卷积神经网络的基本结构示意图

7.2　卷积神经网络的基本结构

卷积神经网络是一种多层的监督学习神经网络，隐藏层的卷积层和池化层是实现卷积神经网络特征提取功能的核心模块。该网络模型采用梯度下降算法最小化损失函数，并对网络中的权重参数逐层反向调节，通过频繁的迭代训练提高网络的精度。

卷积神经网络结构包括卷积层、池化层和全连接层。每一层有多个特征图，每个特征图通过一种卷积滤波器提取输入的一种特征，每个特征图包含多个神经元。输入图像和滤波器进行卷积后，提取局部特征，该局部特征一旦被提取出来，它与其他特征的位置关系也随之确定。每个神经元的输入和前一层的局部感受野相连，每个特征提取层都紧跟一个用来求局部平均与二次提取的计算层，也叫特征映射层，网络的每个计算层由多个特征映射平面组成，平面上所有的神经元的权重相等。通常将输入层到隐藏层的映射称为一个特征映射，也就是通过卷积层得到特征提取层，经过池化之后得到特征映射层。

网络的低层由卷积层和池化层交替组成，而高层由全连接层组成，对应传统多层感知机的隐藏层和逻辑回归分类器。第一个全连接层的输入是由卷积层和池化层进行特征提取得到的特征图像，最后一层输出层是一个分类器，可以采用逻辑回归、Softmax 回归或支持向量机对输入图像进行分类。

本小节讲解卷积神经网络中的核心基础，涉及卷积层、池化层、全连接层在卷积神经网络中扮演的角色、实现的具体功能和工作原理。

7.2.1　卷积层

卷积层(Convolution Layer)的主要作用是对输入的数据进行特征提取,而完成该功能的是卷积层中的卷积核(Filter)。可以将卷积核看作一个指定窗口大小的扫描器,扫描器通过一次又一次地扫描输入的数据,提取数据中的特征。如果输入的是图像数据,那么在经过卷积核的处理后,就可以识别出图像中的重要特征了。

那么,在卷积层中是如何定义这个卷积核的呢?卷积层又是怎样工作的呢?下面通过一个实例进行说明。假设有一张 $32 \times 32 \times 3$ 的输入图像,其中 32×32 指图像的高度×宽度,3 指图像具有 R、G、B 3 个色彩通道,即红色(Red)、绿色(Green)和蓝色(Blue)。定义一个大小为 $5 \times 5 \times 3$ 的卷积核窗口,其中 5×5 指卷积核窗口的高度×宽度,3 指卷积核的深度,对应之前输入图像的 R、G、B 3 个色彩通道,这样做的目的是当卷积核窗口在输入图像上滑动时,能够一次在 3 个色彩通道上同时进行卷积操作。注意,如果原始输入数据都是图像,那么定义的卷积核窗口的宽度和高度要比输入图像的宽度和高度小, 较常用的卷积核窗口的宽度和高度是 3×3 和 5×5。在定义卷积核的深度时,只要保证与输入图像的色彩通道一致就可以了,如果输入图像是 3 个色彩通道,那么卷积核的深度就是 3;如果输入图像是单色彩通道,那么卷积核的深度就是 1,以此类推。图 7-3 所示为单色彩通道的输入图像的卷积过程。

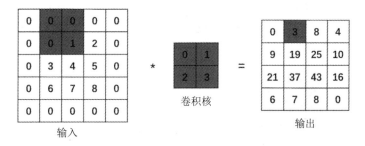

图 7-3　单色彩通道的输入图像的卷积过程

如图 7-3 所示,输入的是一张原始图像,中间的是卷积核,图中显示的是卷积核的一次工作过程。通过卷积核的计算可输出一个结果,其计算方式就是将对应位置的数据相乘然后相加,即

$$3 = 0 \times 0 + 0 \times 1 + 0 \times 2 + 1 \times 3$$

下面,根据定义的卷积核步距对卷积核窗口进行滑动。卷积核的步距其实就是卷积核窗口每次滑动经过的图像上的像素点数量,图 7-4 示出了一个步距为 1 的卷积核经过一次滑动后窗口位置发生的变化。

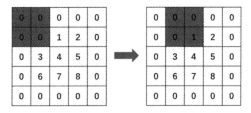

图 7-4　卷积核窗口滑动

如果仔细观察，则还会发现在图 7-4 中输入图像的最外层多了一圈全为 0 的像素，这其实是一种用于提升卷积效果的边界像素填充方式。在对输入图像进行卷积之前，有两种边界像素填充方式可以选择，分别是 Same 和 Valid。Valid 方式就是直接对输入图像进行卷积，不对输入图像进行任何前期处理和像素填充。其缺点是可能会导致图像中的部分像素点不能被卷积核窗口捕捉。Same 方式是在输入图像的最外层加上指定层数的值全为 0 的像素边界，这样做是为了让输入图像的全部像素都能被卷积核窗口捕捉。

通过对卷积过程的计算，可以总结出一个通用公式，本书中统一把它叫作卷积通用公式，用于计算输入图像经过一轮卷积操作后的输出图像的宽度和高度的参数，公式如下：

$$W_{\text{output}} = \frac{W_{\text{input}} - W_{\text{filter}} + 2p}{s} + 1 \tag{7-1}$$

$$H_{\text{output}} = \frac{H_{\text{input}} - H_{\text{filter}} + 2p}{s} + 1 \tag{7-2}$$

式中，W 和 H 分别表示图像的宽度(Weight)和高度(Height)的值；下标 input 表示输入图像的相关参数；下标 output 表示输出图像的相关参数；下标 filter 表示卷积核的相关参数；s 表示卷积核的步距；p(Padding 的缩写)表示在图像边缘增加的边界像素层数，图像边界像素填充方式选择 Same 方式时，p 的值就等于图像增加的边界层数，选择 Valid 方式时 $p = 0$。

通过上述介绍可了解单通道的卷积操作过程，但是在实际应用中一般很少处理色彩通道只有一个的输入图像，所以接下来介绍如何对 3 个色彩通道的输入图像进行卷积操作，3 个色彩通道的输入图像的卷积过程如图 7-5 所示。

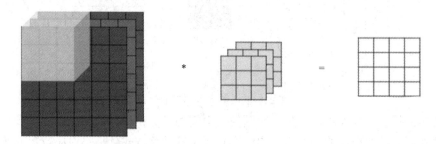

图 7-5   3 个色彩通道的输入图像的卷积过程

对于三通道的 RGB 图像，其对应的滤波器算子同样也是三通道的。例如一个图像的大小是 $6 \times 6 \times 3$，分别对应图像的高度(Height)、宽度(Weight)和通道(Channel)。三通道图像的卷积运算与单通道图像的卷积运算基本一致，即将每个单通道(R，G，B)与对应的滤波器进行卷积运算求和，然后再将三通道的和相加，得到输出图像的一个像素值，如图 7-5 所示。

不同通道的滤波算子可以不相同。例如 R 通道滤波器实现垂直边缘检测，G 和 B 通道不进行边缘检测，全部置零，或者将 R、G、B 三通道滤波器全部设置为水平边缘检测。

为了进行多个卷积运算，实现更多的边缘检测，可以增加更多的滤波器组。例如设置第一个滤波器组实现垂直边缘检测，设置第二个滤波器组实现水平边缘检测。这样，不同滤波器组卷积可得到不同的输出，个数由滤波器组决定。双滤波器卷积示意图如图

7-6 所示。

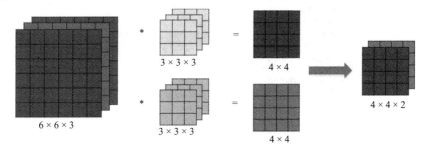

图 7-6　双滤波器组卷积示意图

若输入图像的尺寸为 $n \times n \times n_c$，滤波器尺寸为 $f \times f \times n_c$，则卷积后的图像尺寸为 $(n - f + 1) \times (n - f + 1) \times n_c'$。其中，$n_c$ 为图像通道数目，n_c' 为滤波器组的个数。

7.2.2　池化层

卷积神经网络中的池化是卷积神经网络中的一种提取输入数据的核心特征的操作，不仅实现了对原始数据的压缩，还大量减少了参与模型计算的参数，从某种意义上提升了计算效率。其中，最常用到的池化方法是平均池化和最大池化，池化层处理的输入数据在一般情况下是经过卷积操作之后生成的特征图。图 7-7 示出了一个最大池化的操作过程。

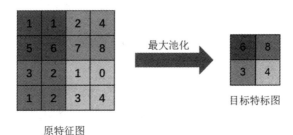

图 7-7　最大池化

如图 7-7 所示，池化层也需要定义一个类似卷积层中卷积核的滑动窗口，但是这个滑动窗口仅用来提取特征图中的重要特征，本身并没有参数。这里使用的滑动窗口的高度×宽度是 2×2，滑动窗口的深度和特征图的深度保持一致。

下面介绍这个滑动窗口的计算细节。首先通过滑动窗口框选特征图中的数据，然后将其中的最大值作为最后的输出结果。图 7-7 中左边的是输入的特征图像，即原特征图，如果滑动窗口是步距为 2 的 2×2 窗口，则刚好可以将输入图像划分成 4 部分，取每部分中数字的最大值作为该部分的输出结果，便可以得到图 7-7 中右边的输出图像，即目标特征图。第 1 个滑动窗口框选的 4 个数字分别是 1、1、5、6，所以最后选出的最大的数字是 6；第 2 个滑动窗口框选的 4 个数字分别是 2、4、7、8，所以最后选出的最大的数字是 8。以此类推，最后得到的结果就是 6、8、3、4。

在了解了最大池化的工作方法后，再来看另一种常用的池化方法，图 7-8 所示示出了一个平均池化的操作过程。

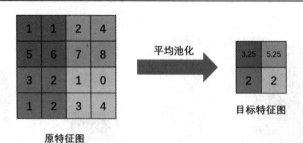

图 7-8　平均池化

平均池化的窗口、步距和最大池化没有区别，但平均池化最后对窗口框选的数据使用的计算方法与最大池化不同。平均池化在得到窗口中的数字后，将它们全部相加再求平均值，将该值作为最后的输出结果。如果滑动窗口依旧是步距为 2 的 2×2 窗口，则同样刚好将输入图像划分成 4 部分，将每部分的数据相加然后求平均值，并将该值作为该部分的输出结果，最后得到图 7-8 中右边的输出图像，即目标特征图。第 1 个滑动窗口框选的 4 个数字分别是 1、1、5、6，那么最后求得的平均值为 3.25，3.25 就作为输出结果；第 2 个滑动窗口框选的 4 个数字分别是 2、4、7、8，那么最后求得的平均值为 5.25，5.25 就作为输出结果。以此类推，最后得到的输出结果就是 3.25、5.25、2、2。

通过池化层的计算，也能总结出一个通用公式，在本书中统一把它叫作池化通用公式，用于计算输入的特征图经过一轮池化操作后输出的特征图的宽度和高度：

$$W_{\text{output}} = \frac{W_{\text{input}} - W_{\text{filter}}}{s} + 1 \tag{7-3}$$

$$H_{\text{output}} = \frac{H_{\text{input}} - H_{\text{filter}}}{s} + 1 \tag{7-4}$$

式中，W 和 H 分别表示特征图的宽度和高度值；下标 input 表示输入的特征图的相关参数；下标 output 表示输出的特征图的相关参数；下标 filter 表示滑动窗口的相关参数；s 表示滑动窗口的步距。输入的特征图的深度和滑动窗口的深度应保持一致。

下面通过一个实例介绍如何计算输入的特征图经过池化层后输出的特征图的高度和宽度，定义一个 16×16×6 的输入图像，池化的滑动窗口为 2×2×6，滑动窗口的步距为 2。这样可以得到 $W_{\text{input}} = 16$、$H_{\text{input}} = 16$、$W_{\text{filter}} = 2$、$s = 2$，然后根据总结得到的公式，最后输出特征图的宽度和高度都是 8。使用 2×2×6 的滑动窗口对输入图像进行池化操作后，得到的输出特征图的高度和宽度变成了原来的一半，这也印证了之前提到的池化层的作用，即池化不仅能够最大限度地提取输入的特征图的核心特征，还能够对输入的特征图进行压缩。

7.2.3　全连接层

全连接层的主要作用是将输入图像在经过卷积和池化操作后提取的特征进行压缩，并且根据压缩的特征完成模型的分类功能。图 7-9 示出了一个全连接层的简化流程。

图 7-9　全连接层

其实，全连接层的计算比卷积层和池化层更简单。图 7-9 所示的输入就是通过卷积和池化提取的输入图像的核心特征，它与全连接层中定义的权重参数相乘，最后被压缩成仅有的 10 个输出参数，这 10 个输出参数其实已经是一个分类的结果，再经过激活函数的进一步处理，能使分类预测结果更明显。将 10 个参数输入 Softmax 激活函数中，激活函数的输出结果就是模型预测的输入图像对应各个类别的可能值。

7.3　卷积运算与边缘检测

本小节讲解一些经典的卷积神经网络的结构和工作原理。

卷积神经网络中每层卷积层由若干卷积单元组成，每个卷积单元的参数都是通过反向传播算法优化得到的。卷积运算是指对图像和滤波矩阵做内积(逐个元素相乘再求和)操作。卷积运算的目的是提取输入的不同特征，第一层卷积层可能只能提取一些低级的特征如边缘、线条和角等层级，更多层的网络能从低级特征中迭代提取更复杂的特征。如图 7-10 所示的卷积提取特征示意图，由浅层到深层可以分别检测出输入图像的边缘特征、局部特征(例如眼睛、鼻子等)、整体面部轮廓。

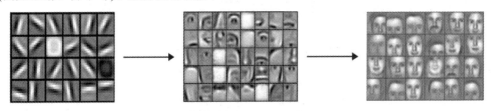

图 7-10　卷积由浅到深提取特征示意图

下面先来介绍如何检测图像的边缘。最常检测的图像边缘包括垂直边缘(Vertical Edges)和水平边缘(Horizontal Edges)两类，如图 7-11 所示。

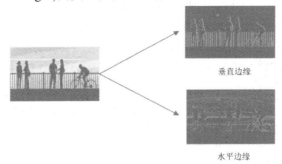

图 7-11　边缘检测

图像的边缘检测可以通过将输入与相应滤波器进行卷积来实现。以垂直边缘检测为例，如图 7-12 所示，这是一个 6×6 的灰度图像($6 \times 6 \times 1$)。为了检测图像中的垂直边缘，构造一个 3×3 的矩阵，将其与 6×6 矩阵进行卷积运算(图 7-12 只显示了卷积后的第一个值和最后一个值)。

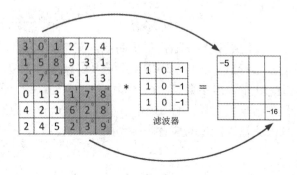

图 7-12　垂直边缘卷积示意

垂直边缘检测能够检测图像垂直方向的边缘。图 7-13 为一个垂直边缘检测的示例。

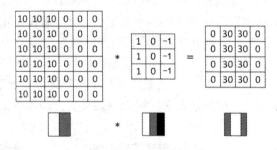

图 7-13　垂直边缘检测的示例

垂直边缘检测和水平边缘检测的滤波器如图 7-14 所示。

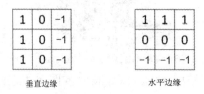

图 7-14　垂直和水平边缘检测滤波器

图 7-15 是一个水平边缘检测的示例。

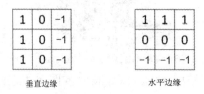

图 7-15　水平边缘检测的示例

除了上面提到的简单的垂直和水平边缘检测滤波器之外，还有下面两种常用的滤波器

(如图 7-16 所示)：

(1) Sobel 滤波器。其优点在于增加了中间一行元素的权重，也就是处在图像中央的像素点，可提高结果的鲁棒性。

(2) Scharr 滤波器。其特性与 Sobel 滤波器完全不同，实际它也是一种垂直边缘检测滤波器，但实现效果更好。

1	0	-1
2	0	-2
1	0	-1

3	0	-3
10	0	-10
3	0	-3

Sobel滤波器　　　　　　　　　Scharr滤波器

图 7-16　Sobel 和 Scharr 滤波器算子

当需要检测图像的复杂边缘时，可以把滤波器矩阵中的 9 个数字当成 9 个参数，之后使用反向传播算法训练学习，其目标就是理解这 9 个参数，得到最优的输出，再用得到的 3×3 滤波器进行卷积，然后就可以进行边缘检测了。

7.4　填充与卷积步距

一般在经过几次卷积后得到的图像就会变得很小，可能会缩小到只有 1×1 的大小。主观上人们是不希望图像在每次识别边缘或者识别其他特征时都缩小，这就是卷积的第一个缺点。卷积的另一个缺点是，角落的像素点在卷积后只被一个输出所使用，该像素点位于这个区域的一角，在输出中采用较少，这意味着丢掉了图像边缘位置的许多信息。

为了弥补这些缺点，引入了填充(Padding)的概念，即在卷积操作之前填充这幅图像，沿着图像边缘填充一层像素，把原始图像尺寸进行扩展，扩展区域补零，用 p 来表示每个方向扩展的宽度。

在图 7-17 中，$p = 1$，即在原图周围都填充了一个像素点，那么 6×6 的原图像就被填充成了 8×8 的图像。如果用 3×3 滤波器对这个填充后的 8×8 图像进行卷积，则得到的输出图像是 6×6 的图像。

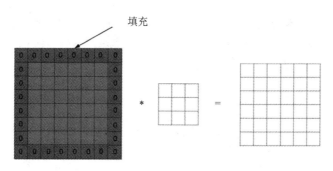

填充

*　　=

图 7-17　填充示意图

经过填充之后，若原始图像尺寸为 $(n+2p)\times(n+2p)$，卷积核尺寸为 $f\times f$，则卷积

后的图像尺寸为 $(n+2p-f+1)\times(n+2p-f+1)$。若要保证卷积前后图像尺寸不变,则 p 应满足

$$p = \frac{f-1}{2} \tag{7-5}$$

有了填充的概念,下面定义两种常用的卷积形式:有效卷积(Valid Convolution)和同维卷积(Same Convolution)。

(1) 有效卷积,意味着不填充"no padding",$p=0$。

(2) 同维卷积,意味着填充后,输出大小和输入大小是一样的,即 $p=\dfrac{f-1}{2}$。

卷积中的步距(Stride)是另一个重要的概念。步距表示卷积核在原图片中水平方向和垂直方向每次的步进长度。之前默认 $s=1$,若 $s=2$,则表示卷积核每次步进长度为2,即每隔一点移动一次,如图7-18所示。

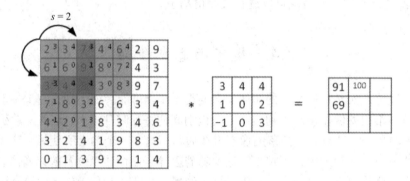

图 7-18　卷积步距为 2 时卷积示意图

用 s 表示步距,p 表示填充长度,如果原始图像尺寸为 $n\times n$,卷积核尺寸为 $f\times f$,则卷积后的图像尺寸为

$$W_{\text{output}}\times H_{\text{output}} = \left(\frac{n+2p-f}{s}+1\right)\times\left(\frac{n+2p-f}{s}+1\right) \tag{7-6}$$

这里需要说明,在数学教材中定义的卷积需要将滤波器镜像(水平、竖直反转)一下,如图7-19所示,在卷积神经网络中定义卷积运算时,跳过了镜像操作,大部分的深度学习文献都遵循这个约定的惯例。

图 7-19　滤波器镜像

7.5　单层卷积神经网络

单层卷积神经网络结构如图 7-20 所示。

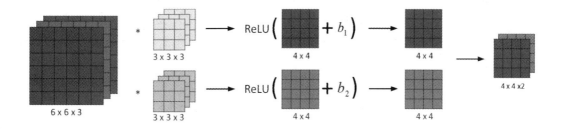

图 7-20　单层卷积神经网络结构

相比之前的卷积过程，CNN 的单层结构增加了激活函数(ReLU 函数)和偏移量 b。整个运算过程与标准的神经网络单层结构非常类似：

$$\boldsymbol{Z}^{[L]} = \boldsymbol{W}^{[L]}\boldsymbol{A}^{[L-1]} + b \tag{7-7}$$

$$\boldsymbol{A}^{[L]} = g^{[L]}(\boldsymbol{Z}^{[L]}) \tag{7-8}$$

其中：$\boldsymbol{Z}^{[L]}$ 表示第 L 层的线性输出，是输入和权重相乘再加上偏置的结果；$\boldsymbol{W}^{[L]}$ 表示第 L 层的权重矩阵，它和输入数据进行卷积操作；$\boldsymbol{A}^{[L-1]}$ 表示第 L 层的输入，也就是上一层的输出；b 表示第 L 层的偏置量，它与卷积结果相加得到线性输出；$\boldsymbol{A}^{[L]}$ 表示第 L 层的输出，也就是经过激活函数 $g^{[L]}$ 处理后的线性输出。

卷积运算对应上式中的乘积运算，滤波器组数值对应权重 $\boldsymbol{W}^{[L]}$，所选的激活函数为 ReLU 函数。图 7-20 中参数的数目计算如下：每个滤波器组有 $3 \times 3 \times 3 = 27$ 个参数，还有 1 个偏移量 b，则每个滤波器组有 $27 + 1 = 28$ 个参数，两个滤波器组总共包含 $28 \times 2 = 56$ 个参数。可以发现，选定滤波器组后，参数数目与输入图像尺寸无关，所以不存在由于图像尺寸过大造成参数过多的情况。例如一张 $1000 \times 1000 \times 3$ 的图像，标准神经网络输入层的维度将达到三百万，而在 CNN 中，参数数目只由滤波器组决定，数目相对来说要少很多，这是卷积神经网络的优势之一。

卷积神经网络单层结构中，设层数为 L，$f^{[L]}$ 为滤波器尺寸，$p^{[L]}$ 为填充尺寸，$s^{[L]}$ 为卷积步距，$n_{\mathrm{c}}^{[L]}$ 为滤波器组数量，则有以下定义。

(1) 输入维度：表示输入数据的维度，包括高度、宽度和通道数。其维度表示为 $H^{[L-1]} \times W^{[L-1]} \times c^{[L-1]}$，其中 $H^{[L-1]}$ 表示上一层的高度，$W^{[L-1]}$ 表示上一层的宽度，$c^{[L-1]}$ 表示上一层的通道数。

(2) 每个滤波器组维度：表示每个滤波器组的维度，包括高度、宽度和通道数。其维度表示为 $f^{[L]} \times f^{[L]} \times c^{[L-1]}$，其中 $f^{[L]}$ 表示滤波器的高度和宽度，$c^{[L-1]}$ 表示上一层的通道数。

(3) 权重维度：表示权重矩阵的维度，包括滤波器的高度、宽度、通道数和输出通道数。其维度表示为 $f^{[L]} \times f^{[L]} \times c^{[L-1]} \times c^{[L]}$，其中 $c^{[L]}$ 表示当前层的输出通道数。

(4) 偏置维度：表示偏置量的维度，包括输出通道数。其维度表示为 $1 \times 1 \times 1 \times c^{[L]}$

(5) 输出维度：表示当前层的输出数据的维度，包括高度、宽度和通道数。其维度表示为 $H^{[L]} \times W^{[L]} \times c^{[L]}$，其中 $H^{[L]}$ 表示当前层的高度，$W^{[L]}$ 表示当前层的宽度，$c^{[L]}$ 表示当前层的通道数，且有

$$H^{[L]} = \left\lfloor \frac{H^{[L-1]} + 2p^{[L]} - f^{[L]}}{s^{[L]}} + 1 \right\rfloor \tag{7-9}$$

$$W^{[L]} = \left\lfloor \frac{W^{[L-1]} + 2p^{[L]} - f^{[L]}}{s^{[L]}} + 1 \right\rfloor \tag{7-10}$$

如果有 m 个样本进行向量化运算，则相应的输出维度为 $m \times H^{[L]} \times W^{[L]} \times c^{[L]}$。

7.6　卷积神经网络范例

LeNet 是由 LeCun 在 1989 年提出的历史上第一个真正意义上的卷积神经网络模型。不过最初的 LeNet 模型已经不再被人们使用了，被使用最多的是在 1998 年出现的 LeNet 的改进版本 LeNet-5。LeNet-5 作为卷积神经网络模型的先驱，最先被用于处理计算机视觉问题，在识别手写字体的准确性上取得了非常好的效果。图 7-21 所示是 LeNet-5 卷积神经网络的结构。

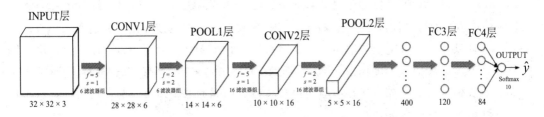

图 7-21　LeNet-5 卷积神经网络的结构

在图 7-21 中，从左往右分别是 INPUT 层、CONV1 层、POOL1 层、CONV2 层、POOL2 层、FC3 层、FC4 层和 OUTPUT 层，下面对这些层一一进行介绍。

(1) INPUT 层，为输入层，LeNet-5 卷积神经网络的默认输入数据必须是维度为 $32 \times 32 \times 1$ 的图像，即输入的是高度和宽度均为 32 的单通道图像。

(2) CONV1 层，为 LeNet-5 的第 1 个卷积层，使用的卷积核滑动窗口为 $5 \times 5 \times 1$，步

距为 1，不使用填充。如果输入数据的高度和宽度均为 32，那么通过套用卷积通用公式，可以得出最后输出的特征图的高度和宽度均为 28。同时，由图 7-21 可以看到这个卷积层要求最后输出深度为 6 的特征图，所以需要进行 6 次同样的卷积操作，最后得到输出的特征图的维度为 $28 \times 28 \times 6$。

(3) POOL1 层，为 LeNet-5 中的下采样层，下采样要完成的功能是缩减输入的特征图的大小，这里使用最大池化来进行下采样。选择最大池化的滑动窗口为 $2 \times 2 \times 6$，步距为 2，因为输入的特征图的高度和宽度均为 28，所以通过套用池化通用公式，可以得到最后输出的特征图的高度和宽度均为 14，所以本层输出的特征图的维度为 $14 \times 14 \times 6$。

(4) CONV2 层，为 LeNet-5 的第 2 个卷积层，使用的卷积核滑动窗口发生了变化，变成了 $5 \times 5 \times 6$，因为输入的特征图维度是 $14 \times 14 \times 6$，所以卷积核滑动窗口的深度必须和输入特征图的深度一致，步距依旧为 1，不使用填充。套用卷积通用公式，可以得到最后输出的特征图的高度和宽度均为 10。同时，这个卷积层要求最后输出深度为 16 的特征图，所以需要进行 16 次卷积，最后得到输出的特征图维度为 $10 \times 10 \times 16$。

(5) POOL2 层，为第 2 个下采样层，同样使用最大池化，这时输入维度为 $10 \times 10 \times 16$ 的特征图，最大池化的滑动窗口选择 $2 \times 2 \times 16$，步距为 2。通过套用池化通用公式，可以得到最后输出的特征图的高度和宽度为 5，最后得到输出的特征图维度为 $5 \times 5 \times 16$。

(6) FC3 层，可以看作 LeNet-5 的第 3 个卷积层，是之前的下采样层和之后的全连接层的一个中间层。该层使用的卷积核滑动窗口为 $5 \times 5 \times 16$，步距为 1，不使用填充。通过套用卷积通用公式，可以得到最后输出的特征图的高度和宽度为 1。同时这个卷积层要求最后输出深度为 120 的特征图，所以需要进行 120 次卷积，最后得到输出的特征图维度为 $1 \times 1 \times 120$。

(7) FC4 层，为 LeNet-5 的第 1 个全连接层，该层的输入数据是维度为 $1 \times 1 \times 120$ 的特征图，要求最后输出深度为 84 的特征图，所以本层要完成的任务就是对输入的特征图进行压缩，最后得到输出维度为 1×84 的特征图。要完成这个过程，就需要使输入的特征图乘以一个维度为 120×84 的权重矩阵，根据矩阵的乘法运算法则，一个维度为 1×120 的矩阵乘以一个维度为 120×84 的矩阵最后输出的是维度为 1×84 的矩阵，这个维度为 1×84 的矩阵就是全连接层最后输出的特征图。

(8) OUTPUT 层，为输出层。因为 LeNet-5 是用来解决分类问题的，所以需要根据输入图像判断图像中手写字体的类别，输出的结果是输入图像对应 10 个类别的可能值，在此之前需要先将 FC4 层输出的维度为 1×84 的数据压缩成维度为 1×10 的数据，同样依靠一个 84×10 的矩阵来完成。将最终得到的 10 个数据全部输入 Softmax 激活函数中，得到的就是模型预测的输入图像所对应 10 个类别的可能值了。

本 章 小 结

卷积神经网络是深度学习中非常重要的一种神经网络模型，主要应用于计算机视觉领域,如图像识别、物体检测、图像分割等任务。本章主要介绍了卷积神经网络(Convolutional Neural Network,CNN)的基本概念和基本结构;此外还介绍了卷积层、池化层和全连接层的原理和作用,其中,卷积层的原理和作用介绍较为详细,包括卷积操作、卷积核、步距和填充等概念;最后还探讨了卷积神经网络的经典模型 LeNet。

通过本章的学习,读者可以深入了解卷积神经网络的基本原理和结构,并学会如何使用卷积层、池化层和全连接层来构建卷积神经网络模型。

习　题

1. 如何使卷积层的输入和输出维度相同?
2. 全连接层对模型的影响是什么?
3. 池化层的作用是什么?
4. 图像分类中,CNN 相对于全连接的 DNN 有什么优势?

第 8 章　PyTorch 深度学习框架

PyTorch 前身为 Torch，其底层结构和 Torch 框架一样，但是 PyTorch 使用 Python 语言重新实现了 Torch 的很多功能。PyTorch 作为一个以 Python 为基础的深度学习框架，为搭建深度学习模型提供了极大的便利。目前很多主流的深度学习模型都以 PyTorch 为基础，搭建 PyTorch 深度学习框架有助于更好地理解一些优秀的网络模型。本章主要对 PyTorch 深度学习框架的基本内容进行介绍。

8.1　PyTorch 框架简介

PyTorch 由 Torch7 团队开发，是 Torch 的 Python 版本。与 Torch 的不同之处在于 PyTorch 使用了 Python 作为开发语言，是由 Facebook 开源的神经网络框架，属于专门针对 GPU 加速的深度神经网络(DNN)编程。Torch 是一个经典的对多维矩阵数据进行操作的张量(Tensor) 库，在机器学习和其他数学密集型学习中有着广泛的应用。与 TensorFlow 的静态计算图不同，PyTorch 的计算图是动态的，可以根据计算需要实时改变计算图。作为经典机器学习库 Torch 的端口，PyTorch 为 Python 语言使用者提供了舒适的编写环境。PyTorch 是一个基于 Python 的科学计算包，主要用于满足两类需求：

(1) 作为 NumPy 的替代品，可以利用 GPU 的性能进行计算。

(2) 要求深度学习研究平台拥有足够的灵活性和速度。

1. 使用框架的必要性

为什么不直接实现网络结构而必须使用框架呢？实际上如果有能力实现神经网络结构，完全可以自己动手实现所需的神经网络，但是这样会使工作量增大，大部分精力会花费在底层的构建而非主要模型的构建上。在当下的使用环境中，使用框架是大势所趋，有助于节省大量底层的、烦琐的、容易出错的工作，一方面可以使用户专注于高层次的工作，另一方面又可以避免底层的一些错误。例如在 Web 开发中会使用 Django 和 Spring Boot 等框架，在桌面开发中会使用 MFC、QT 等框架，而在深度学习领域则可以选择使用 PyTorch、TensorFlow 等框架。

2. 主流框架对比

1) TensorFlow

2015 年 11 月 9 日，Google 正式发布并开源 TensorFlow，TensorFlow 是一个开源的

机器学习框架，用户可以使用 TensorFlow 快速地构建神经网络，同时快捷地进行网络的训练、评估与保存。TensorFlow 灵活的框架可以部署在一个或多个 CPU、GPU 的台式及服务器中，或者在移动设备中使用单一的 API 应用。最初，TensorFlow 是由研究人员和 Google Brainu 团队针对机器学习和深度神经网络进行研究而开发的，是目前全世界使用人数最多、社区最为庞大的一个框架。TensorFlow 是由 Google 公司开发的，维护和更新比较频繁，并且有着 Python 和 C++的接口，教程也非常完善。很多文献复现的第一个版本都基于 TensorFlow 的。TensorFlow 是目前使用人群基数非常多的框架。但是由于其语言太过于底层，目前有很多基于 TensorFlow 的第三方抽象库将 TensorFlow 的函数进行封装，使其变得简洁，比较有名的包括 Keras、Tflearn、tfslim 以及 TensorLayer。

2) Caffe

Caffe 由贾扬清在加州大学伯克利分校攻读博士期间创建，全称是 Convolutional Architecture for Fast Feature Embedding，是一个兼具表达性、速度和思维模块化的开源深度学习框架，目前由伯克利视觉学中心进行维护。虽然 Caffe 由 C++编写，但是有 Python 和 Matlab 相关接口。2017 年 4 月，Facebook 发布 Caffe2，加入了递归神经网络等新功能。2018 年 3 月底，Caffe2 并入 PyTorch。

3) Theano

Theano 是一个较为经典和稳定的深度学习 Python 库，擅长处理多维数组，属于比较底层的框架。Theano 起初是为了深度学习中神经网络算法的运算所设计的，可利用符号化语言定义想要的结果，会对程序进行编译，使程序高效运行于 GPU 或 CPU。Theano 支持自动计算函数梯度，带有 Python 接口并集成了 NumPy，这使得它从一开始就成为了深度学习领域最常使用的库之一。但由于不支持多 GPU 和水平扩展，在其他优秀深度学习框架的热潮下，Theano 已然开始被遗忘。

4) Torch

Torch 是一个有大量机器学习算法支撑的科学计算框架，其诞生已经有十年之久，但是真正起势得益于 Facebook 开源了大量 Torch 的深度学习模块。Torch 的特点是十分灵活，另外一个特殊之处是 Torch 采用了编程语言 Lua。由于目前大部分深度学习算法都以 Python 为基础，因此学习 Lua 编程语言增加了使用 Torch 框架的成本。而 PyTorch 的前身就是 Torch，其底层结构和 Torch 框架一样，PyTorch 使用 Python 语言重新编写了很多内容，不仅更加灵活，支持动态图，也提供了 Python 接口。

5) MXNet

MXNet 是一个支持大多数编程语言的框架，支持 7 种主流编程语言，包括 C++、Python、R、Scala、Julia、Matlab 和 JavaScript。MXNet 的优势是其开发者之一李沐是中国人，在 MXNet 的推广中具有语言优势(汉语)，有利于国内开发者的学习。MXNet 有着非常好的分布式支持形式，而且性能超强，内存占用率低。但是 MXNet 的缺点也很明显：教程不够完善，使用者不多导致社区不大，基于 MXNet 的比赛和文献很少，使得 MXNet 的推广力度不够，知名度不高。

3. PyTorch 的优点

PyTorch 的优点如下：

(1) 代码简洁。PyTorch 的设计追求最少的封装，不像 TensorFlow 中充斥着 Session、Graph、Operation、name_scope、Variable、Tensor、Layer 等全新的概念，PyTorch 的设计遵循 tensor→autograd→nn.Module 这 3 个由低到高的抽象层次，分别代表张量、自动求导和神经网络(层/模块)，而且这 3 个抽象层次之间联系紧密，可以同时进行修改和操作。简洁的设计带来的另外一个好处就是代码简洁，易于理解。PyTorch 的源码只有 TensorFlow 的十分之一左右，更直观的设计使得 PyTorch 的源码十分易于阅读。

(2) 运行速度快。PyTorch 的灵活性不以牺牲速度为代价，在许多评测中，PyTorch 的速度表现完胜 TensorFlow 和 Keras 等框架。虽然框架的运行速度和程序员的编码水平有极大关系，但对于同样的算法，使用 PyTorch 实现的框架运行速度更有可能快过其他框架实现的速度。

(3) 逻辑简单易懂。PyTorch 是所有面向对象设计的框架中较为优雅的一个。PyTorch 的接口设计思路来源于 Torch，而 Torch 的接口设计以灵活易用而著称，Keras 的作者最初就是受到了 Torch 的启发才成功开发了 Keras。PyTorch 继承了 Torch 的衣钵，尤其是 API 的设计和模块的接口都与 Torch 高度一致。PyTorch 的设计最符合人们的思维，它让用户尽可能专注于实现自己的想法，即"所思即所得"，不需要考虑太多关于框架本身的束缚。

(4) 社区活跃。PyTorch 提供了完整的文档、循序渐进的指南以及供用户交流和请教问题的论坛。Facebook 人工智能研究院对 PyTorch 提供了强力支持，作为当今排名前三的深度学习研究机构，FAIR 的支持足以确保 PyTorch 获得持续的开发更新，不致于像许多由个人开发的框架一样昙花一现。

4. PyTorch 的架构

PyTorch 通过混合前端、分布式训练以及工具和库这套生态系统实现快速、灵活的实验。PyTorch 和 TensorFlow 具有不同的计算图实现形式，TensorFlow 采用静态图机制(预定义后再使用)，而 PyTorch 采用动态图机制(运行时动态定义)。PyTorch 具有以下特征：

(1) 混合前端。新的混合前端在显卡加速模式下同样具有良好的兼容性和易用性，同时可以无缝转换到图形模式，以便在 C++中运行时实现速度优化。

(2) 分布式训练。PyTorch 通过异步执行和从 Python 和 C++访问的对等通信，实现性能优化。

(3) Python 优先。PyTorch 是为了深入集成到 Python 中而构建的，因此它可以与流行的库以及 Cython、Numba 等软件包一起使用。

(4) 丰富的工具和库。研究人员和开发人员建立了丰富的工具和库生态系统，用于扩展 PyTorch 并支持从计算机视觉到深度学习等领域的开发。

(5) 本机 ONNX 支持。PyTorch 以 ONNX(开放式神经网络交换)格式导出模型，以便直接访问与 ONNX 兼容的平台。

(6) C++前端。C++前端是 PyTorch 的纯 C++接口，PyTorch 的前端设计和体系结构与 Python 相同。此接口可以提供 PyTorch 基本的数据结构和功能，例如张量和自动求导，从而使 C++程序可以使用 PyTorch 中 GPU 和 CPU 优化的深度学习张量库。

8.2　PyTorch 环境配置与安装

PyTorch 目前支持 Linux、Mac 和 Windows 三种系统，并且支持多种安装方式。PyTorch 官网上给出了 Pip、Conda、LibTorch、Source 几种不同的安装方式，以及基于 Python、C++/Java 等不同语言进行的安装。Anaconda 是配置深度学习环境所必要的软件，提供了包管理与环境管理的功能，可以很方便地解决 Python 版本并存、切换以及各种第三方包安装的问题，关于 Anaconda 的安装已在本书第 1 章中进行了介绍，本章不再赘述。

PyTorch 有多种安装方式，在这里介绍两种安装方式，分别是 Pip 安装以及 Conda 安装。

1. Pip 安装

首先进入 PyTorch 官网(https://pytorch.org/)，根据电脑系统配置选择相应 PyTorch 版本，如图 8-1 所示。

PyTorch Build	Stable (1.9.1)	Preview (Nightly)		LTS (1.8.2)
Your OS	Linux	Mac		Windows
Package	Conda	Pip	LibTorch	Source
Language	Python		C++ / Java	
Compute Platform	CUDA 10.2	CUDA 11.1	ROCm 4.2 (beta)	CPU
Run this Command:	pip3 install torch==1.9.1+cu102 torchvision==0.10.1+cu102 torchaudio===0.9.1 -f https://download.pytorch.org/whl/torch_stable.html			

图 8-1　使用 Pip 时 PyTorch 版本选择

根据电脑环境选择相应版本进行安装。在这里选择操作系统为"Windows"，选择 "Package"为"Pip"，选择"Language"为"Python"，选择"Compute Platform"为"CUDA 10.2"(当有英伟达 GPU 且已经安装 CUDA 时选择 CUDA，没有 GPU 或者未安装 CUDA 时选择CPU，使用GPU可以大幅度加快训练速度，安装时要注意计算机显卡、CUDA、PyTorch 三者的版本对应关系)。选择完之后，复制"Run this Command"中给出的代码"pip3 install torch==1.9.1+cu102　torchvision==0.10.1+cu102　torchaudio===0.9.1　-f https://download. pytorch.org/whl/torch_stable.html"，将代码粘贴在 CMD 界面后按回车键运行，如图 8-2 所示。

图 8-2　CMD 界面

2. Conda 安装

使用 Conda 安装方式类似于使用 Pip 安装方式，首先需要进入 PyTorch 官网 (https://pytorch.org/)，然后根据电脑系统配置选择相应 PyTorch 版本，如图 8-3 所示。

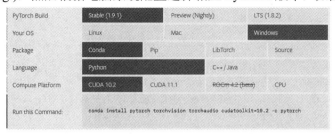

图 8-3　使用 Conda 时 PyTorch 版本选择

在这里选择操作系统为"Windows"，选择"Package"为"Conda"，选择 "Language"为"Python"，选择"Compute Platform"为"CUDA 10.2"(当有英伟达 GPU 且已经安装 CUDA 时选择 CUDA，没有 GPU 或者未安装 CUDA 时选择 CPU，使用 GPU 可以大幅度加快训练速度，安装时要注意计算机显卡、CUDA、PyTorch 三者的版本 对应关系)。选择完之后，复制"Run this Command"中的代码"conda install pytorch torchvision torchaudio cudatoolkit=10.2 -c pytorch"。同样，将代码粘贴在 CMD 界面中后按 回车键运行。安装过程如图 8-4 所示。

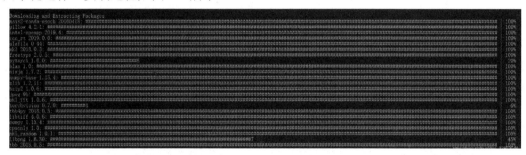

图 8-4　PyTorch 安装过程

安装完毕后，验证 PyTorch 是否安装成功。打开 Anaconda 的 Jupyter，新建 Python 文 件，运行 demo。首先，单击"New"，然后单击"Python3"，如图 8-5 所示。

图 8-5　Jupyter Notebook

之后输入如图 8-6 所示的 In[1]、In[2]、In[3]、In[5]的代码，进行测试，最后打印出 tensor 说明安装成功。

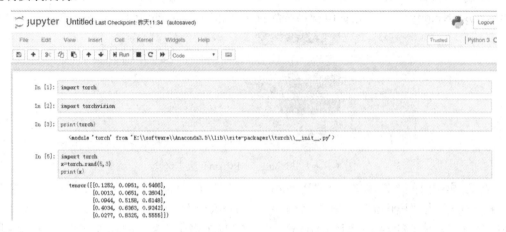

图 8-6　安装成功界面

8.3　PyTorch 中的 Tensor

Tensor(张量)是一个多维数组，它是标量、向量、矩阵的高维拓展。标量是一个零维张量，没有方向，是一个数。一维张量只有一个维度，只有一行或者一列。二维张量是一个矩阵，有两个维度，灰度图像就是一个二维张量。当图像为彩色图像(RGB)时，就得使用三维张量了。不同维度的 Tensor 如图 8-7 所示。

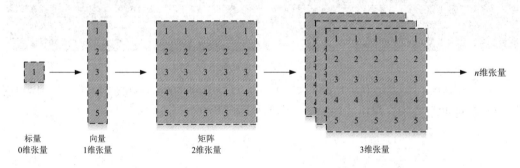

图 8-7　不同维度的 Tensor

8.3.1　Tensor 的创建

Tensor 是 PyTorch 中基本的数据单元，下面主要介绍 3 种创建 Tensor 的方式。

1. 直接创建

可以用代码 torch.tensor(data,dtype=None,device=None,requires_grad=False)直接创建 Tensor。此代码中各变量说明如下：

(1) data，可以是 list、tuple、numpy array、scalar 或其他类型。

(2) dtype，可以返回想要的 Tensor 类型。

(3) device，可以指定返回的设备。

(4) requires_grad，表示是否进行参数跟踪，默认为 False。

使用此代码直接创建 Tensor 的几个示例如下所示：

例 1：

```
>>>torch.tensor([[0.1,1.2],[2.2,3.1],[4.9,5.2]])
tensor([[0.1000,1.2000],
        [2.2000,3.1000],
        [4.9000,5.2000]])
```

例 2：

```
>>>torch.tensor([[0.11111,0.222222,0.3333333]],
                dtype=torch.float64,              #返回 float 格式的张量类型
                device=torch.device('cuda:0'))    #将张量返回 GPU
tensor([[0.1111,0.2222,0.3333]],device='cuda:0',dtype=torch.float64)
```

例 3：

```
>>>torch.tensor(3.14159)          #创建标量
tensor(3.1416)
```

例 4：

```
>>>torch.tensor([])               #创建空张量
tensor([])
```

2. 从 NumPy 中获得数据

可以使用代码 torch.from_numpy(ndarry)从 NumPy 中获得数据，并创建 Tensor。需要注意的是，使用此代码生成的 Tensor 会和 ndarry 共享数据，任何对 Tensor 的操作都会影响 ndarry，反之亦然，代码的具体使用如下所示：

```
>>>a = numpy.array([1,2,3])       #从 numpy 获得数据，赋值给 a
>>>t = torch.from_numpy(a)        #从 a 中获取张量，赋值给 t
>>>t
tensor([1,2,3],dtype=torch.int32)
>>>t[0] = -1                      #将 t 中索引为 0 的数据"1"变更为"-1"
>>>a
array([-1,2,3])
```

3. 创建特定的 Tensor

创建特定的 Tensor 是指直接通过 PyTorch 代码指定 Tensor 的格式，因为需求多样化，创建特定 Tensor 的代码也相对较多，下面将其汇总为 3 类进行介绍。

1) 根据数值要求创建 Tensor 的代码

• torch.zeros(*sizes,out=None,)

作用：返回大小为 sizes 的零张量。

- torch.zeros_like(input,)

作用：返回与 input 相同大小的零张量。

- torch.ones(*sizes,out=None,)

作用：返回大小为 sizes 的单位张量。

- torch.ones_like(input,)

作用：返回与 input 相同大小的单位张量。

- torch.full(size,fill_value,)

作用：返回大小为 size、单位值为 fill_value 的张量。

- torch.full_like(input,fill_value,)

作用：返回与 input 相同大小、单位值为 fill_value 的张量。

- torch.arange(start,end,step,)

作用：返回从 start 到 end、单位步距为 step 的张量。

- torch.linspace(start,end,steps,)

作用：返回从 start 到 end、steps 个插值间隔数目的张量。

- torch.logspace(start,end,steps,)

作用：返回从 10^{start} 到 10^{end}、steps 个对数间隔的张量。

2) 根据矩阵要求创建 Tensor 的代码

- torch.eye(n,m=None,out=None,)

作用：返回二维的单位对角矩阵。

- torch.empty(*sizes,out=None,)

作用：返回被未初始化的数值填充，大小为 sizes 的张量。

- torch.empty_like(input,)

作用：返回与 input 相同大小，并被未初始化的数值填充的张量。

3) 随机生成 Tensor 的代码

- torch.normal(means,std,out=None)

作用：返回一个张量，此张量包含从 means 到 std 的离散正态分布中抽取的随机数。

- torch.rand(*size,out=None,dtype=None,)

作用：返回[0,1]之间均匀分布的随机数值。

- torch.rand_like(input,dtype=None,)

作用：返回与 input 相同大小的 Tensor，填充均匀分布的随机数值。

- torch.randint(low=0,high,size,)

作用：返回均匀分布的[low,high]之间的整数随机值。

- torch.randn(*sizes,out=None,)

作用：返回大小为 sizes、均值为 0、方差为 1 的正态分布的随机数值。

- torch.randn_like(input,dtype=None,)

作用：返回与 input 相同大小的张量，该张量由区间[0,1)上均匀分布的随机数填充。

- torch.randperm(n,out=None,dtype=torch.int64)

作用：返回将 0 到 n-1 打乱后进行随机排列的数组。

8.3.2　Tensor 的基本操作

Tensor 作为 PyTorch 中基本的数据单元，具有组合、分块、索引、变换这一系列的运算操作。下面通过一些基本的函数对这些操作进行介绍。

1. 组合操作

组合操作是将不同的 Tensor 叠加起来，主要有 torch.cat 和 torch.stack 两个函数。下面对这两个函数进行介绍。

• torch.cat(seq,dim=0,out=None)

作用：沿着 dim 连接 seq 中的 Tensor，所有的 Tensor 必须有相同的维度，其相反的操作为 torch.split()和 torch.chunk()。

• torch.stack(seq, dim=0, out=None)

作用：与 torch.cat()作用类似，但是注意 torch.cat 和 torch.stack 的区别在于 torch.cat 会增加现有维度的值，可以理解为续接，torch.stack 会增加一个维度，可以理解为叠加。

组合操作函数的使用示例代码如下所示：

```
>>>a=torch.Tensor([1,2,3])
>>>torch.stack((a,a)).size()              #通过 stack 函数进行维度叠加
torch.size(2,3)
>>>torch.cat((a,a)).size()                #通过 cat 函数进行现有维度的数据增加
torch.size(6)
torch.gather(input,dim,index,out=None)    #返回沿着 dim 收集的新的 Tensor
>>>t = torch.Tensor([[1,2],[3,4]])
>>>index = torch.LongTensor([[0,0],[1,0]])
>>>torch.gather(t,0,index)                #由于 dim=0,所以结果为
tensor([[1.,2.],
        [3.,2.]])
```

2. 分块操作

分块操作是与组合操作相反的操作，分块操作将 Tensor 分割成不同的子 Tensor，主要有 torch.split()与 torch.chunk()两个函数。下面对这两个函数进行介绍。

• torch.split(tensor,split_size,dim=0)

作用：将输入张量分割成相等形状的子张量。如果沿指定维的张量不能被 split_size 整分，则最后一个分块会小于其他分块。

• torch.chunk(tensor,chunks,dim=0)

作用：将 Tensor 拆分成相应的分块，torch.split 和 torch.chunk 的区别在于，torch.split 的 split_size 表示每一个分块中数据的大小，torch.chunk 的 chunks 表示分块的数量。

分块操作函数的使用示例代码如下所示：

```
>>>a = torch.Tensor([1,2,3])
>>>torch.split(a,1)          #将张量 a 分割成尺度为 1 的子张量
```

```
(tensor([1.]),tensor([2.]),tensor([3.]))
>>>torch.chunk(a,1)              #将张量 a 分割成 1 个子张量
(tensor([1.,2.,3.]),)
```

3. 索引操作

在 PyTorch 中，通过索引操作可以返回 Tensor 中的一部分数据，下面主要通过
torch.index_select()和 torch.masked_select 两个函数对索引操作进行介绍。

• torch.index_select(input,dim,index,out=None)

作用：返回沿着 dim 的指定 Tensor，其中 index 需为 longTensor 类型。

• torch.masked_select(input,mask,out=None)

作用：返回 input 中 mask 为 True 的元素，组成一个一维的 Tensor，其中 mask 需为
ByteTensor 类型。

索引操作函数的使用示例代码如下所示：

```
>>>x = torch.randn(3,4)               #定义一个尺寸为 3×4 的随机张量
>>>x
tensor([[-0.1683,0.2495,-0.2279,1.7840],
        [0.2027,1.1605,0.1744,1.0889],
        [0.8350,-1.1400,-0.1012,-2.0131]])
>>>mask = x.ge(0.5)                   #将 x 变为二维张量
>>>mask
tensor([[False,False,False,True],
        [False,True,False,True],
        [True,False,False,False]])
>>>torch.masked_select(x,mask)        #返回 x 中为 True 的元素
tensor([1.7840,1.1605,1.0889,0.8350])
```

4. 变换操作

在使用 PyTorch 处理问题时，有时需要改变张量的维度，以便后期进行其他计算和处
理。下面通过介绍部分常用的变换函数对张量的变换操作进行介绍。

• torch.transpose(input,dim0,dim1,out=None)

作用：返回 dim0 和 dim1 交换后的 Tensor。

• torch.squeeze(input,dim,out=None)

作用：对维度进行压缩。当不指定 dim 时，仅删除 input 中大小为 1 的维度。当给定
dim 时，只在给定的维度上进行压缩操作。

• torch.unsqueeze(input,dim,out=None)

作用：与 torch.squeeze()功能相反，在输入维度的指定位置插入维度 1，如 $A \times B$ 变为
$1 \times A \times B$。

• torch.reshape(input,shape)

作用：返回 size 为 shape 且与输入张量具有相同数值的 Tensor，注意 shape=−1 这种表

述，−1 表示输出的 size 是任意的。

• torch.unbind(tensor,dim)

作用：将输入 Tensor 从 dim 进行切片，并返回切片的结果，返回的结果中没有 dim 这个维度。

• torch.nonzero(input,out=None)

作用：返回输入张量中非零值的索引，每一行都是一个非零值的索引值。

变换操作函数的使用示例代码如下所示：

```
>>>a=torch.Tensor([1,2,3,4,5])
>>>b=a.reshape(1,-1)
>>>b.size()
torch.size([1,5])
>>>a=torch.Tensor([[1,2,3],[2,3,4]])
>>>torch.unbind(a,dim=0)            #对 a 从零维进行分解，返回的结果中不含零维
(tensor([1.,2.,3.]),tensor([2.,3.,4.]))
>>>torch.nonzero(torch.tensor([1,1,1,0,1]))   #返回输入张量中非零值的索引
tensor([[0],
        [1],
        [2],
        [4]])
>>>torch.nonzero(torch.tensor([[0.6,0.0,0.0,0.0],
                               [0.0,0.4,0.0,0.0],
                               [0.0,0.0,1.2,0.0],
                               [0.0,0.0,0.0,-0.4]]))   #返回输入张量中非零值的索引
tensor([[0,0],
        [1,1],
        [2,2],
        [3,3]])
```

8.4　PyTorch 常用模块及库

8.4.1　torch.autograd 模块(自动求导)

PyTorch 作为一个深度学习框架，在深度学习任务中比 NumPy 更有优越性，主要体现在两个方面。一是 PyTorch 提供了自动求导(autograd)模块，二是 PyTorch 支持 GPU 加速。由此可见，自动求导是 PyTorch 的重要组成部分。

autograd 包是 PyTorch 中所有神经网络的核心。PyTorch 的 autograd 模块主要是对深度学习算法中的反向传播过程求导数。在张量上进行的所有操作，autograd 模块都能对张量

自动进行微分，简化了手动计算导数的复杂过程。

张量在数学中是多维数组，在 PyTorch 中，张量不仅表示多维数组，而且还是 PyTorch 中自动求导的关键。在 PyTorch 0.4.0 以前的版本中，PyTorch 使用 Variable 自动计算所有的梯度。从 PyTorch 0.4.0 起，Variable 正式合并到 Tensor 中，通过 Variable 实现的自动微分功能也整合进了 Tensor 中。虽然为了兼容性，目前还是可以使用 Variable(Tensor)这种方式进行嵌套，但是这个操作已经无法实现原有的功能了。后续的代码建议直接使用 Tensor 进行操作，因为官方文档已经将 Variable 设置成过期模块。Tensor 本身支持使用 autograd 功能，只需要在函数中设置 requires_grad=Ture 即可。

如图 8-8 所示，Variable 主要由以下 5 个部分组成。

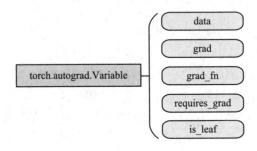

图 8-8　Variable 结构

torch.autograd.Variable 参数说明：

(1) data，表示被封装的 Tensor。

(2) grad，表示 data 的梯度。

(3) grad_fn，表示创建 Tensor 的 function，是自动求导的关键。

(4) requires_grad，表示是否进行参数跟踪，默认为 False。

(5) is_leaf，表示是否为叶子节点(张量)。

自 PyTorch 0.4.0 版本后，Variable 已并入 Tensor 中。Tensor 主要由 8 个部分组成，如图 8-9 所示。

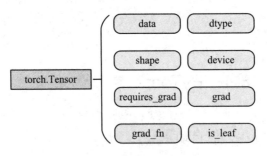

图 8-9　Tensor 结构

torch.Tensor 参数说明：

(1) data，可以是 list、tuple、numpy array、scalar 或其他类型。

(2) dtype，可以返回想要的 Tensor 类型。

(3) shape，表示张量的形状，如(64，3，224，224)。

(4) device，可以指定返回的设备。

(5) requires_grad，表示是否进行参数跟踪，默认为 False。

(6) grad，表示 data 的梯度。

(7) grad_fn，表示创建 Tensor 的 function，是自动求导的关键。

(8) is_leaf，表示是否为叶子节点(张量)。

使用下述代码可以进行自动求导：

```
import torch
x = torch.ones(2,2,requires_grad=True)  #创建一个张量，设置 requires_grad=True 跟踪与它相关的计算
print(x)                 #输出 x
tensor([[1.,1.],
        [1.,1.]],requires_grad=True)
y = x + 2                #针对张量做一个操作
print(y)                 #输出 y
tensor([[3.,3.],
        [3.,3.]],grad_fn=<AddBackward0>)  #y 作为操作的结果被创建，所以包含 grad_fn
print(y.grad_fn)         #输出
<AddBackward0 object at 0x000001F7F346C3C8>
z = y * y * 3            #针对 y 进行更多的操作
out = z.mean()
print(z,out)             #输出
tensor([[27.,27.],
        [27.,27.]],grad_fn=<MulBackward0>)
tensor(27.,grad_fn=<MeanBackward0>)
a = torch.randn(2,2)
a = ((a * 3) / (a - 1))
print(a.requires_grad)
a.requires_grad_(True)
print(a.requires_grad)
b = (a * a).sum()
print(b.grad_fn)
False                    #输出
True
<SumBackward0 object at 0x000001F7F2D379C8>
out.backward()
print(x.grad)            #打印结果
tensor([[4.5000,4.5000],
[4.5000,4.5000]])
```

8.4.2　torch.nn 模块

Autograd 模块虽然可以构建深度学习模型，但其代码编写量大，增加了编程人员的编写难度。这种情况下 torch.nn 应运而生，torch.nn 是 PyTorch 中专门用来构建神经网络模型的模块。torch.nn 模块提供了很多与实现神经网络中的具体功能相关的类，这些类涵盖了深度神经网络模型在搭建和参数优化过程中的常用内容。torch.nn 模块的核心数据结构是 Module，这是一个抽象概念，既可以表示神经网络中的某个层，例如卷积层、池化层和全连接层等常用层，也可以表示含多个层的神经网络。

当使用 PyTorch 搭建神经网络时，使用的主要工具都存放在 torch.nn 模块中。torch.nn 依赖于 autograd 定义模型，搭建于 autograd 之上，可用来定义和运行网络模型，并对其自动求导。torch.nn 模块内包含搭建神经网络需要用到的一系列模块和 loss 函数，包括全连接、卷积、批量归一化、dropout、CrossEntryLoss、MSELoss 等。torch.nn 可以使代码变得更加简洁。

1. torch.nn 构成

下面主要对 torch.nn 中 nn.Parameter、nn.Module 及 nn.functional 这 3 个经常用到的类进行介绍。

(1) nn.Parameter：主要继承自 torch.Tensor 的子类，作为 nn.Module 中的可训练参数来使用。它与 torch.Tensor 的区别是 nn.Parameter 会被自动认为是 Module 的可训练参数，会被加入 Parameter 迭代器中；而 Module 中的普通 Tensor 并不位于 Parameter 中。

(2) nn.Module：是 torch.nn 中十分重要的类，包含网络各层的定义及前向传播的各种方法，是 PyTorch 体系下所有神经网络模块的基类。

(3) nn.functional：torch.nn 中的大多数层在 functional 中都有一个与之对应的函数。其使用情况与 nn.Module 类似，但是也存在一定的区别。当模型中有可学习的参数时，最好使用 nn.Module。否则，既可以使用 nn.functional，也可以使用 nn.Module，二者在性能上没有太大差异，具体的使用方式取决于个人喜好。由于激活函数(ReLu 函数、sigmoid 函数、tanh 函数)、池化(MaxPool)等层没有可学习的参数，因此可以使用对应的 functional 函数。而对于卷积、全连接等有可学习参数的网络，则建议使用 nn.Module。

2. 网络搭建典型流程

在上文中已经提到，torch.nn 模块的出现主要是为了搭建神经网络模型，其内部含有很多搭建神经网络模型的子类，在后面章节中将从分类、检测、分割 3 个领域来详细介绍如何建立深度学习神经网络。搭建深度学习神经网络总的来说可以分为 6 步：

(1) 定义一个拥有可学习参数的神经网络；

(2) 遍历训练数据集；

(3) 处理输入数据使其流经神经网络；

(4) 计算损失值；

(5) 将网络参数的梯度进行反向传播；

(6) 更新网络的权重。

3. torch.nn 常用函数介绍

构建神经网络常用的函数包括卷积函数和池化函数，池化函数又可细分为平均池化和最大池化。平均池化和最大池化可分别起到不同的池化效果。

1) 卷积函数

卷积函数的格式为

nn.Conv2d(in_channels,out_channels,kernel_size,stride=1,padding=0,dilation=1,groups=1, bias=True)

功能：常用于二维图像，对输入数据进行特征提取。

参数说明：

(1) in_channels：表示输入信号的通道。

(2) out_channels：表示卷积输出的通道。

(3) kerner_size：表示卷积核的尺寸。

(4) stride：表示卷积步距，默认为 1。

(5) padding：表示输入的每一条边填充的层数，默认为 0。

(6) dilation：表示卷积核元素之间的距离，默认为 1。

(7) groups：表示从输入通道到输出通道的阻塞连接数，默认为 1。

(8) bias：表示是否要添加偏置参数作为可学习参数之一。

2) 最大池化函数

最大池化函数的格式为

nn.MaxPool2d(kernel_size,stride=None,padding=0,dilation=1,return_indices=False, ceil_mode=False)

功能：对二维信号(图像)进行最大池化，对邻域内特征点的特征值仅取最大值，能够很好地保留纹理特征。

最大池化也称为欠采样或下采样，主要用于特征降维、压缩数据和参数的数量、减小过拟合，同时提高模型的容错性及网络模型的运算速度。

参数说明：

(1) kernel_size：表示池化核尺寸。

(2) stride：表示步距。

(3) padding：表示填充个数。

(4) dilation：表示池化核间隔大小。

(5) return_indices：表示记录池化像素索引。

(6) ceil_mode：表示尺寸向上取整。

3) 平均池化函数

平均池化函数的格式为

nn.AvgPool2d(kernel_size,stride=None,padding=0,ceil_mode=False，count_include_pad= True，divisor_override=None)

功能：对二维信号(图像)进行平均池化，对邻域内特征点的特征值求平均，能够很好地保留背景，但是容易使数据变得模糊。

平均池化与最大池化一样，也称为欠采样或下采样，主要用于特征降维、压缩数据和参数的数量、减小过拟合，同时提高模型的容错性及网络模型的运算速度。这点与最大池化是一样的。

参数说明：

(1) kernel_size：表示池化核尺寸。

(2) stride：表示步距。

(3) padding：表示填充个数。

(4) ceil_mode：表示尺寸向上取整。

(5) count_include_pad：表示用于计算的填充值。

(6) divisor_override：表示除法因子。

8.4.3　torch.optim 模块

在构建神经网络时需要使用一些模块来实现权重参数的自动优化以及更新，torch.optim 模块内提供了非常多的可实现参数自动优化的类，例如 SGD、AdaGrad、RMSprop、Adam 等，这些类在 PyTorch 中用于优化模型的参数。

1. 构建优化器

为了使用 torch.optim，需先构造一个优化器对象 Optimizer，用来保存当前的参数，并能够根据梯度信息实时更新参数。

优化器主要是在模型训练阶段对模型的可学习参数进行更新，常用的优化器如前文提到的 SGD、RMSprop、Adam 等。优化器初始化时需要给模型传入可学习参数以及其他超参数，如 lr、momentum 等。在训练过程中需要先调用 optimizer.zero_grad()函数清空梯度，再调用 loss.backward()函数反向传播，最后调用 optimizer.step()函数更新模型参数。

2. 优化步骤

前文中提到，所有优化器 Optimizer 都调用 step()函数对所有的参数进行更新，主要有两种调用方法。

(1) 利用 optimizer.step()函数进行调用。这是大多数优化器都支持的简化版本，使用如下的 loss.backward()函数计算梯度时会使用此函数，其代码如下所示：

```
for input,target in dataset:
    optimizer.zero_grad()
    output = model(input)
    loss = loss_fn(output,target)
    loss.backward()
optimizer.step()
```

(2) 利用 optimizer.step(closure)函数进行调用。一些优化算法，如共轭梯度和 LBFGS 优化器需要多次重新评估目标函数，所以必须传递一个 closure 重新计算模型参数。需要用到 closure 清除梯度，计算并返回损失，其代码如下所示：

```
for input,target in dataset:
    def closure():
        optimizer.zero_grad()
        output = model(input)
        loss = loss_fn(output,target)
        loss.backward()
        return loss
optimizer.step(closure)
```

8.4.4　torchvision 库

torchvision 服务于 PyTorch 深度学习框架，用于生成图片、视频数据集和一些流行的预训练模型。torchvision 是一个专门用来处理图像的库，主要用来构建计算机视觉模型。

torchvision 主要包含以下 4 个部分：

(1) torchvision.datasets：提供一些加载数据的函数以及常用数据集接口，可以从主流的视觉数据集中加载数据。

(2) torchvision.models：提供很多已经训练好的深度学习网络模型，如 AlexNet、VGG、ResNet 以及预训练模型等。

(3) torchvision.transforms：提供丰富的类，可以对载入的数据进行变换操作。

(4) torchvision.utils：提供一些常用工具包。

上述前 3 类常用于计算机视觉模型，本节主要对这 3 类进行介绍。

1. torchvision.datasets

torchvision.datasets 的主要作用是进行数据加载。PyTorch 团队在 torchvision.datasets 包中已提前处理了大量图片数据集，并且提供了一些针对数据集的参数设置，因而可以通过一些简单的参数设置完成数据集的调用。MNISTCOCO、Captions、Detection、LSUN、ImageFolder、Imagenet-12、CIFAR、STL10、SVHN、PhotoTour 等数据集都可以通过此方法进行直接调用。

2. torchvision.models

torchvision.models 的主要作用是提供已经训练好的网络模型，方便加载之后直接使用。alexnet、densenet、inception、resnet、squeezenet、vgg 等常用网络模型都可以通过此方法调用。可以通过两种方式创建网络模型：一种是直接创建一个初始参数随机的网络模型，另一种是使用 pretrained=True 加载其他已经训练好的模型。创建网络模型的具体方式如下：

(1) 创建一个初始参数随机的模型，代码如下：

```
import torchvision.models as models
resnet18 = models.resnet18()
alexnet = models.alexnet()
vgg16 = models.vgg16()
squeezenet = models.squeezenet1_0()
```

(2) 创建一个带有预训练权重的模型(仅需设置 pretrained=True 即可)，代码如下：

```
import torchvision.models as models
resnet18 = models.resnet18(pretrained=True)
alexnet = models.alexnet(pretrained=True)
squeezenet = models.squeezenet1_0(pretrained=True)
```

3. torchvision.transforms

torchvision.transforms 是 PyTorch 中的图像处理包，包含了多种对图像数据进行变换的函数。在读入图像数据时要经常用到这些函数。当输入数据集中图像的格式或者大小不统一时，需要进行归一化或缩放等操作。当输入数据集中的图像数量太少时，也需要一些针对图像的操作进行数据增强。torchvision.transforms 有助于很好地完成以上操作。

可以将 torchvision.transforms 中常见的函数分为四大类，分别是裁剪、翻转和旋转、图像变换以及针对 transforms 本身的操作。下面按类别对一些主要函数进行介绍。

1) 裁剪

裁剪操作函数主要包括：

(1) 中心裁剪：transforms.CenterCrop()；

(2) 随机裁剪：transforms.RandomCrop()；

(3) 随机长宽比裁剪：transforms.RandomResizedCrop()；

(4) 上下左右中心裁剪：transforms.FiveCrop()；

(5) 上下左右中心裁剪后翻转：transforms.TenCrop()。

2) 翻转和旋转

翻转和旋转操作函数主要包括：

(1) 按照概率 p 水平翻转：transforms.RandomHorizontalFlip(p=0.5)(这里 p=0.5)；

(2) 按照概率 p 垂直翻转：transforms.RandomVerticalFlip(p=0.5) (这里 p=0.5)；

(3) 随机旋转：transforms.RandomRotation()。

3) 图像变换

图像变换操作函数主要包括：

(1) 标准化：transforms.Normalize()；

(2) 将载入的数据转换为 Tensor 数据类型的变量：transforms.ToTensor()；

(3) 填充：transforms.Pad；

(4) 修改亮度、对比度和饱和度：transforms.ColorJitter()；

(5) 转灰度图：transforms.Grayscale()；

(6) 线性变换：transforms.LinearTransformation()；

(7) 仿射变换：transforms.RandomAffine()；

(8) 将载入数据转换为灰度图：transforms.RandomGrayscale()；

(9) 将载入数据转换为 PIL Image：transforms.ToPILImage()；

(10) 将 Lambda 应用作为变换：transforms.Lambda()。

4) transforms 本身

transforms 本身操作函数主要包括：

(1) 从给定的一系列 transforms 中选一个进行操作：transforms.RandomChoice();

(2) 给一个 transforms 加上概率，依概率进行操作：transforms.RandomApply();

(3) 将 transforms 中的操作随机打乱：transforms.RandomOrder()。

本 章 小 结

PyTorch 是当前难得的简洁优雅且高效快速的框架。在编者眼里，PyTorch 达到了目前深度学习框架的最高水平。当前开源的框架中，很少有一个框架能够在灵活性、易用性、速度这三个方面同时兼具两种及以上的特性，而 PyTorch 则可以做到。

本章主要介绍了 PyTorch 框架的基本内容，主要包括 PyTorch 的安装；PyTorch 中 Tensor 的基本概念；PyTorch 的一些常用模块，例如 torch.autograd 模块、torch.nn 模块、torch.optim 模块、torchvision 库等。环境配置是深度学习的第一步，错误的环境会让后续运行深度学习模型时出现各种错误，要想完美运行一个网络模型，环境配置是第一步，也是重中之重的一步，因此在运行深度学习网络模型时应先配置好计算机的深度学习环境。

习　　题

1. 请举出至少 3 种常见的深度学习框架。

2. Tensor 的定义是什么？0 维、1 维、2 维 Tensor 分别代表什么？

3. 使用 torch 包创建一个 3×2 的随机矩阵，并输出。

4. 张量的常见操作有哪几种？试用 PyTorch 语言表示出来。

5. 在调用 torchvision 内自带数据集时，需要用哪个函数？若调用神经网络模型则需要用哪个函数？

第 9 章 计算机视觉应用——图像分类

图像分类是计算机视觉中最基本的任务，即将一幅图像分类到具体的类别。图像分类也是深度学习最早大放异彩的领域，出现了很多经典的网络模型，例如 AlexNet、GoogLeNet、VGGNet、ResNet 等。本章以 VGGNet 网络模型为例，详细介绍网络模型的搭建、训练、预测三部分。

9.1 图像分类简介

图像分类的目的是根据图像信息中所反映的不同特征，把不同类别的图像区分开来。具体来说，图像分类就是从已知的类别标签集合中为给定的输入图像选定一个类别标签，如图 9-1 所示。图像分类是计算机视觉其他任务的基础，例如目标检测、语义分割等任务。虽然图像分类对于人类来说轻而易举，但对于计算机系统来说更具挑战性，因为计算机能看到的只是图像中像素的数值。对于一幅 RGB 图像来说，假设图像的尺寸为 32×32，那么计算机看到的是一个大小为 $32 \times 32 \times 3$ 的数字矩阵，或者更严谨地称为"张量"，简单来说张量就是高维的矩阵，那么计算机进行图像分类其实就是寻找一个函数关系，这个函数关系能够将这些像素的数值映射到一个具体的类别，这样就建立了像素到语义的映射。

标签类别：狗、猫、
卡车、飞机……

→ 猫

图 9-1 图像分类

传统的图像分类算法通常建立完整的图像识别模型，一般包括底层特征提取、特征编码、空间特征约束、分类器分类、模型融合等几个阶段(下面简要介绍部分阶段)。

(1) 底层特征提取。通常从图像中按照固定步距、尺度，提取大量局部特征描述。常用的局部特征包括尺度不变特征变换(SIFT)、方向梯度直方图(HOG)、局部二值模式(LBP)等。一般也采用多种特征描述，防止丢失过多的有用信息。

(2) 特征编码。底层特征中包含了大量冗余与噪声，为了提高特征表达的鲁棒性，需要使用一种特征变换算法对底层特征进行编码，称为特征编码。常用的特征编码方法包括向量量化编码、稀疏编码、局部线性约束编码、Fisher 向量编码等。

(3) 空间特征约束。特征编码之后一般会经过空间特征约束，空间特征约束也称为特征汇聚。特征汇聚是指在一个空间范围内，对每一维特征取最大值或者平均值，从而获得一定特征不变形的特征表达。金字塔特征匹配是一种常用的特征汇聚方法，这种方法提出将图像均匀分块，在分块内进行特征汇聚。

(4) 分类器分类。经过前面步骤后，一张图像可以用一个固定维度的向量进行描述，然后采用分类器对图像进行分类。通常使用的分类器包括支持向量机(SVM)、随机森林等。其中使用核方法的 SVM 是使用最为广泛的分类器，在传统图像分类任务中性能很好。

这种传统的图像分类算法在 PASCAL VOC 竞赛的图像分类算法中被广泛使用，但是分类的准确性在很大程度上取决于特征提取阶段的设计。近年来，利用多层非线性信息处理、特征提取和转换以及模式分析和分类的深度学习模型已被证明可以取得良好的分类结果。其中，卷积神经网络(CNN)已成为大多数图像识别、分类和检测任务的优先架构。在深入研究 Python 代码之前，需要了解图像分类模型的设计过程，这个过程大致分为 4 个阶段：加载和预处理数据、定义模型架构、训练模型、性能评估。

9.2　VGGNet 的基本原理

9.2.1　VGGNet 的起源

2012 年，多伦多大学的 Alex Krizhevsky 等人提出了一个基于深度学习的 CNN 模型，称作 AlexNet，并在当年的 ILSVRC 竞赛中赢得冠军。AlexNet 展示了 CNN 模型在图像识别领域的巨大优势，与传统机器学习算法相比，AlexNet 无需对输入图像进行预处理，且采用局部连接、权值共享、下采样等方式，大大降低了模型需要训练的参数数量，更快地实现了模型训练和测试。

随着人们对 CNN 研究的不断深入，2014 年，牛津大学著名研究小组 VGG(Visual Geometry Group)和 Google DeepMind 公司的研究人员共同提出了 VGGNet 框架，并在当年取得了 ILSVRC 竞赛分类项目的亚军和识别项目的冠军。虽然 VGGNet 获得了分类项目亚军，但是它的影响力丝毫不亚于当年获得分类项目冠军的 GooLeNet 网络。VGGNet 网络可以看成传统的经典的神经网络在深度上所能达到的极致(19 层)，如果想把网络变得更深就必须改变网络的结构，不能再使用如 AlexNet、LeNet 网络的逐层堆叠结构，必须更改为如 Incepnet 或 ResNet 的残差结构。而 VGGNet 网络保留了经典的串行结构，此外，VGGNet 网络探索了卷积神经网络的深度和其性能之间的关系，通过反复地堆叠尺寸为 3×3 的小型卷积核和尺寸为 2×2 的最大池化核，成功构建了不同层数的卷积神经网络，这种思想也被应用于后来的新型网络结构中。相比于 AlexNet 网络结构，VGGNet 网络结构可通过多次非线性变换提高卷积核对特征的提取能力，参数量更少，方便计算和存储，进一步提高了图像识别的正确率。

本章将使用 VGG 架构进行图像分类任务，它是一种简单而又广泛使用的卷积神经网络架构。虽然 VGG 是一个比较旧的模型，性能远比不了当前最先进的模型，而且还比许多新模型更为复杂,但本书之所以选择它,是因为它的架构与大家已经熟悉的架构很相似,因此无需引入新概念就可以很好地理解。

9.2.2　CNN 网络结构中感受野的概念

感受野(Receptive Filed)原指听觉、视觉等神经系统中一些神经元的特性,即神经元只接收其所支配的刺激区域内的信号。在视觉神经系统中,视觉皮层中神经细胞的输出依赖于视网膜上的光感受器。当光感受器受刺激兴奋时,会将神经冲动信号传导至视觉皮层。但并非所有神经皮层中的神经元都会接收这些信号。现代卷积神经网络中的感受野指某一层卷积操作输出结果中一个元素所对应的输入层的区域大小,如图 9-2 所示,通俗地说就是输出特征图上的一个单元对应输入特征图中的区域大小。

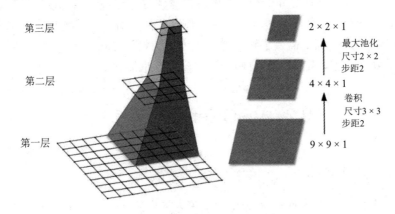

图 9-2　感受野计算示意图

假设输入特征图尺寸为 $W_{input} \times H_{input} \times D_{input}$,输出特征图尺寸为 $W_{output} \times H_{output} \times D_{output}$ (其中 W、H 和 D 分别代表特征图的宽、高和深度),$W_{filter} \times H_{filter}$ 代表卷积核的尺寸,K 代表卷积核的个数,p 代表零填充数量,s 代表卷积步距,则有

$$W_{output} = \frac{W_{input} - W_{filter} + 2p}{s} + 1 \tag{9-1}$$

$$H_{output} = \frac{H_{input} - H_{filter} + 2p}{s} + 1 \tag{9-2}$$

$$D_{output} = K \tag{9-3}$$

感受野计算为

$$F(i) = (F(i+1) - 1) \times s + F_{size} \tag{9-4}$$

式中,$F(i)$ 为第 i 层的感受野,s 为第 i 层的步距,F_{size} 为卷积核尺寸或者池化核尺寸。

如图 9-2 所示,第一层尺寸为 $9 \times 9 \times 1$ 的特征图通过卷积核大小为 3×3、步距为 2 的卷积层(Conv),得到第二层特征图的大小为 $4 \times 4 \times 1$;然后再通过池化核大小为 2×2、

步距为 2 的最大池化操作，得到第三层特征图的大小为 $2 \times 2 \times 1$。依据式(9-4)有

$$F(3) = 1 \tag{9-5}$$

$$F(2) = (F(i+1)-1) \times s + K_{\text{size}} = (1-1) \times 2 + 2 = 2 \tag{9-6}$$

$$F(1) = (F(i+1)-1) \times s + K_{\text{size}} = (2-1) \times 2 + 3 = 5 \tag{9-7}$$

由式(9-5)～式(9-7)可知，第三层特征图中的一个单元对应第二层特征图的感受野为一个 2×2 的区域，对应第一层特征图的感受野为一个 5×5 的区域。由于现代卷积神经网络拥有多层甚至超多层卷积操作，随着网络深度的加深，后层神经元在第一层输入层的感受野会随之增大。

VGGNet 网络中的主要创新点是采用多层小卷积核代替一层大卷积核的策略，如图 9-3 所示，小卷积核(如 3×3)通过多层叠加可取得与大卷积核(如 7×7)同等规模的感受野。采用多层小卷积核的另外两个优势是：第一，由于小卷积核需多层叠加，加深了网络深度进而增强了网络容量(Model Capacity)和复杂度(Model Complexity)；第二，增强网络容量的同时减少了参数个数。多层小卷积核感受野以及参数个数的具体计算过程如下所示：

(1) 两个 3×3 的卷积核的感受野相当于一个 5×5 的卷积核的感受野，3 个 3×3 的卷积核的感受野相当于一个 7×7 的卷积核的感受野。计算如下：

$$F(4) = 1 \tag{9-8}$$

$$F(3) = (F(i+1)-1) \times s + F_{\text{size}} = (1-1) \times 1 + 3 = 3 \tag{9-9}$$

$$F(2) = (F(i+1)-1) \times s + F_{\text{size}} = (3-1) \times 1 + 3 = 5 \tag{9-10}$$

$$F(1) = (F(i+1)-1) \times s + F_{\text{size}} = (5-1) \times 1 + 3 = 7 \tag{9-11}$$

由式(9-8)～式(9-11)可得，在第四层特征图中的一个单元对应第三层特征图的感受野为一个 3×3 的区域，对应第二层特征图的感受野为一个 5×5 的区域，对应第一层特征图的感受野为一个 7×7 的区域。

(2) 在保证相同感受野的前提下，假设输入/输出通道数为 C，使用 3 个 3×3 的卷积层需要 $3 \times 3 \times C \times C + 3 \times 3 \times C \times C + 3 \times 3 \times C \times C = 27C^2$ 个参数，使用一个 7×7 的卷积层需要 $7 \times 7 \times C \times C = 49C^2$ 个参数。可见采用多层小巷积核代替一层大卷积核减少了参数，增强了特征的学习能力，使得 VGGNet 能够在较少的周期内收敛，减轻了神经网络训练时间过长的问题。

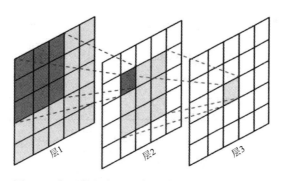

图 9-3　多层卷积中后层神经元对应的前层感受野

9.2.3 VGGNet 的基本网络结构

VGGNet 包含很多级别的网络，深度从 11 层到 19 层不等，最常用的 VGGNet 网络是 VGG-16 和 VGG-19。VGGNet 网络可分成 5 段(Block)，其中每段由多个 3×3 的卷积核串联在一起，后接一个下采样层组成，如表 9-1 所示。池化层的作用是在保留原有重要特征的前提下尽可能减少网络参数。VGGNet 网络的最后是 3 个全连接层和一个分类输出层。VGGNet 是最重要的卷积神经网络之一，它强调了卷积网络深度的增加，对于性能的提升有着重要的意义。

表 9-1 不同层数的 VGGNet 网络结构

不同层数结构	VGG-11 网络	VGG-13 网络	VGG-16 网络	VGG-19 网络
参数量/百万	133	133	138	144
图像尺寸/像数	输入 RGB 图像尺寸为 224×224			
Block1	Conv3-64	Conv3-64	Conv3-64	Conv3-64
		Conv3-64	Conv3-64	Conv3-64
	MaxPool			
Block2	Conv3-128	Conv3-128	Conv3-128	Conv3-128
		Conv3-128	Conv3-128	Conv3-128
	MaxPool			
Block3	Conv3-256	Conv3-256	Conv3-256	Conv3-256
	Conv3-256	Conv3-256	Conv3-256	Conv3-256
			Conv3-256	Conv3-256
				Conv3-256
	MaxPool			
Block4	Conv3-512	Conv3-512	Conv3-512	Conv3-512
	Conv3-512	Conv3-512	Conv3-512	Conv3-512
			Conv3-512	Conv3-512
				Conv3-512
	MaxPool			
Block5	Conv3-512	Conv3-512	Conv3-512	Conv3-512
	Conv3-512	Conv3-512	Conv3-512	Conv3-512
			Conv3-512	Conv3-512
				Conv3-512
	MaxPool			
全连接层	FC-4096			
	FC-4096			
	FC-1000			
分类输出层	Softmax			

以 VGG-16 网络为例,其网络模型结构如图 9-4 所示,整个模型的流程是像素层面的长宽越来越小,但是语义层面的通道数越来越深,就是把像素之间的信息转换成语义之间的信息,最后得到预测类别的概率。VGG-16 网络与 VGG-19 网络本质上没有区别,只在最后 3 个 Block 中各增加一个卷积层。下面详细介绍网络中特征图大小的变化以及数据的流向。其中,卷积层(Conv)的具体参数为:卷积核尺寸为 3×3,零填充数量为 1。最大池化层的具体参数为:池化核尺寸为 3×3,池化步距为 2。

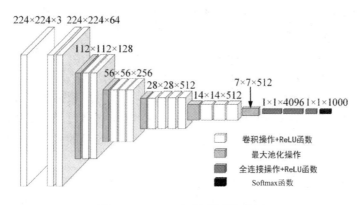

图 9-4　VGG-16 网络模型结构图

首先网络模型输入的是一张尺寸为 224×224×3 的 RGB 图像,Block1 中包含两个 Conv3-64 的卷积操作,其中 64 代表卷积核的个数,也等价于输出特征图的通道数,输出特征图尺寸依据式(9-1)~式(9-3)计算。经计算可以得出在 Block1 中,经第一个 Conv3-64 的卷积操作,输出特征图尺寸为 224×224×64;经第二个 Conv3-64 的卷积操作,输出特征图尺寸为 224×224×64;后经最大池化操作,输出特征图尺寸的宽高减少为输入的一半,通道数不变,特征图尺寸变为 112×112×64。

其次,尺寸为 112×112×64 的特征图进入 Block2 中,Block2 包含两个 Conv3-128 的卷积操作。由式(9-1)~式(9-3)可以得出在 Block2 中,经第一个 Conv3-128 的卷积操作,输出特征图尺寸为 112×112×128;经第二个 Conv3-128 的卷积操作,输出特征图尺寸仍为 112×112×128;后经最大池化操作,特征图尺寸由 112×112×128 变为 56×56×128。

然后,尺寸为 56×56×128 的特征图进入 Block3 中,Block3 包含 3 个 Conv3-256 的卷积操作。由式(9-1)~式(9-3)可以得出在 Block3 中,经第一个 Conv3-256 的卷积操作,输出特征图尺寸为 56×56×256;经第二个 Conv3-256 的卷积操作,输出特征图尺寸为 56×56×256;第三个 Conv3-256 的卷积操作,输出特征图尺寸为 56×56×256;后经最大池化操作,特征图尺寸由 56×56×256 变为 28×28×256。

接下来,尺寸为 28×28×256 的特征图进入 Block4 中,Block4 包含 3 个 Conv3-512 的卷积操作。由式(9-1)~式(9-3)可以得出在 Block4 中经第一个 Conv3-512 的卷积操作,输出特征图尺寸为 28×28×512;经第二个 Conv3-512 的卷积操作,输出特征图尺寸为 28×28×512;经第三个 Conv3-512 的卷积操作,输出特征图尺寸为 28×28×512;后经最大池化操作,特征图尺寸由 28×28×512 变为 14×14×512。

最后，尺寸为 $14 \times 14 \times 512$ 的特征图进入 Block5 中，Block5 包含 3 个 Conv3-512 的卷积操作。经计算可以得出在 Block5 中，经第一个 Conv3-512 的卷积操作，输出特征图尺寸为 $14 \times 14 \times 512$；第二个 Conv3-512 的卷积操作，输出特征图尺寸为 $14 \times 14 \times 512$；第三个 Conv3-512 的卷积操作，输出特征图尺寸为 $14 \times 14 \times 512$；后经最大池化操作，特征图尺寸由 $14 \times 14 \times 512$ 变为 $7 \times 7 \times 512$。

至此，全部的卷积、池化操作已经完毕，接下来图像需经过 3 个全连接层，FC 是全连接层(Full Connection)的缩写。输入图像经过所有的卷积、池化操作后，会得到 512 个特征图，在全连接层前将这些特征图上所有节点展开(Flatten)成一维向量，并与全连接层上的节点进行全连接。该网络用于 ImageNet 分类任务，需要将输入图像分为 1000 个类别，为此该网络采用 3 个连接层，第一个全连接层和第二个全连接层都采用 4096 个节点，第三个全连接层采用 1000 个节点，第三个全连接层节点个数应根据需要分类的类别数量来确定。VGG-16 使用 Softmax 函数作为回归函数。Softmax 函数是逻辑回归(Logistic)在多分类问题上的推广，它主要应用在多分类问题中，目的是将预测的多分类结果以概率的形式展现出来。

卷积层的输出要经过激活函数，即激活层。激活函数的主要作用是完成数据的非线性变换，解决线性模型的表达、分类能力不足的问题。常用的激活函数有 Sigmoid 函数、tanh 函数、ReLU 函数等。本节采用 ReLU 函数提供非线性变换。在训练卷积神经网络模型时采用 ReLU 函数会使模型的收敛速度加快，准确率提高。

VGG 系列网络结构简洁，具有深入浅出、一目了然的特点，同时也是较好的训练网络，至今仍被广泛应用于提取图像特征。它的出现验证了网络深度对提高卷积神经网络对图像等数据进行特征提取和分类的能力，此后网络结构逐年加深，开启了深度学习的概念。

9.2.4　VGGNet 模型的代码实现

经过 9.2.3 节的分析，下面使用 PyTorch 框架搭建 VGG 网络的整体结构，具体分为以下三个步骤：

(1) 定义一个 VGG 网络模型，包括卷积层特征提取部分和全连接层分类器部分。其中，卷积层特征提取部分被封装为一个特征提取器(Features)，全连接层分类器部分被封装为一个分类器(Classifier)。该模型的前向传播函数是将输入数据 x 先经过特征提取器，再通过 flatten 将特征展开成一维向量，最后通过分类器输出预测结果。下面代码中，如果参数 init_weights 为 True，则会调用_initialize_weights 函数初始化模型参数。_initialize_weights 函数采用了 xavier_uniform_方法对卷积层和全连接层的权重进行初始化，并将偏置初始化为 0。在 VGG 类中通过 nn.Sequential 模型定义分类器层的结构，包括多个全连接层和激活函数的堆叠。

```python
import torch.nn as nn
import torch
class VGG(nn.Module):
    def __init__(self, features, num_classes=5, init_weights=False):
```

```
            super(VGG, self).__init__()
            self.features = features
            self.classifier = nn.Sequential(
                    nn.Linear(512*7*7, 4096),
                    nn.ReLU(True),
                    nn.Dropout(p=0.5),
                    nn.Linear(4096, 4096),
                    nn.ReLU(True),
                    nn.Dropout(p=0.5),
                    nn.Linear(4096, num_classes))
    if init_weights:
                    self._initialize_weights()


    def forward(self, x):
    x = self.features(x)
    x = torch.flatten(x, start_dim=1)
    x = self.classifier(x)
    return x


    def _initialize_weights(self):
    for m in self.modules():
    if isinstance(m, nn.Conv2d):
    nn.init.xavier_uniform_(m.weight)
    if m.bias is not None:
                            nn.init.constant_(m.bias, 0)
    elif isinstance(m, nn.Linear):
                    nn.init.xavier_uniform_(m.weight)
    nn.init.constant_(m.bias, 0)
```

(2) 定义 VGG 模型的特征层生成函数。下面的代码定义了一个生成 VGG 模型特征层的函数 make_features。函数的输入参数 cfg 是一个列表，表示了不同 VGG 模型中卷积层的数量和卷积核的数量。cfgs 是一个字典，包含了不同 VGG 模型的配置信息。函数的实现过程是通过遍历 cfg 列表中的每个元素，来生成一系列卷积层和池化层。在遇到池化层时，添加一个池化核大小为 2×2，步长为 2 的 nn.MaxPool2d 层。在遇到卷积层时，添加一个 in_channels 为 3、输出特征的深度对应卷积核的个数、卷积核大小是 3×3，零填充数量为 1 的 nn.Conv2d 和一个 nn.ReLU 层。最终将生成的层通过 nn.Sequential 封装成一个特征层的序列，并返回该序列。这些特征层将作为 VGG 网络的前半部分，用于提取输入图像的特征。

```
    cfgs = {
```

```
'vgg11': [64, 'M', 128, 'M', 256, 256, 'M', 512, 512, 'M', 512, 512, 'M'],
'vgg13': [64, 64, 'M', 128, 128, 'M', 256, 256, 'M', 512, 512, 'M', 512, 512, 'M'],
'vgg16': [64, 64, 'M', 128, 128, 'M', 256, 256, 256, 'M', 512, 512, 512, 'M', 512, 512, 512, 'M'],
'vgg19': [64, 64, 'M', 128, 128, 'M', 256, 256, 256, 256, 'M', 512, 512, 512, 512, 'M', 512, 512, 512, 512,
'M'],
}
def make_features(cfg: list):
    layers = []
    in_channels = 3
for v in cfg:
if v == "M":
            layers += [nn.MaxPool2d(kernel_size=2, stride=2)]
else:
            conv2d = nn.Conv2d(in_channels, v, kernel_size=3, padding=1)
            layers += [conv2d, nn.ReLU(True)]
            in_channels = v
return nn.Sequential(*layers)
```

(3) 实例化 VGG 网络。下面的代码定义了一个函数 vgg，用于创建一个 VGG 模型。参数 model_name 默认为"vgg16"，kwargs 用于接收其他的关键字参数。首先，代码检查 model_name 是否在 cfgs 字典中，如果不在则会抛出一个警告。然后根据 model_name 从 cfgs 中获取对应的网络结构参数 cfg，调用 make_features 函数创建 VGG 的特征提取部分，再将特征提取部分和分类器组成完整的 VGG 网络，并返回该网络模型。

```
def vgg(model_name="vgg16", **kwargs):
assert model_name in cfgs, "Warning: model number {} not in cfgs dict!".format(model_name)
    cfg = cfgs[model_name]
    model = VGG(make_features(cfg), **kwargs)
return model
```

9.3　训练过程

9.3.1　数据集准备(花卉数据集)

构建深度学习网络的第一个步骤是准备数据集。数据集需要包含图像本身和与图像对应的标签信息，每个种类的图像数据应当是均匀的(例如，每个类别的图像数目相同)。本章实验以花卉数据集为例，所用数据集包含 5 种类别的花卉，分别是雏菊(Daisy)、蒲公英(Dandelion)、玫瑰(Roses)、向日葵(Sunflowers)和郁金香(Tulips)，如图 9-5 所示。数据集文件夹存放位置如图 9-6 所示。

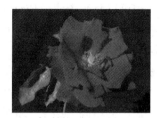

(a) 雏菊　　　　　　　　　(b) 蒲公英　　　　　　　　　(c) 玫瑰

(d) 向日葵　　　　　　　　(e) 郁金香

图 9-5　部分数据集示例

名称 ∧

　daisy
　dandelion
　roses
　sunflowers
　tulips

图 9-6　数据集文件夹存放位置

　　数据集存放完毕后，第二步是划分数据集，实际应用中，一般只将数据集分成训练集 (Training Set)和测试集(Testing Set)两类。网络模型使用训练集中的图像数据来"学习"每个类别的外观特征，且当预测错误时网络模型可进行纠正。网络模型完成训练后，应在测试集上评估性能。训练集和测试集中的数据是互相独立且互不重叠的，这是极其重要的一点。如果测试集中的数据出现在训练集中，则会导致测试准确率虚假提高，因为该数据在训练集时已经被成功学习到所属类别，这样就丧失了测试的意义。常见的训练集和测试集划分为 2∶1、3∶1、9∶1，如图 9-7 所示。

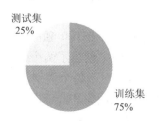
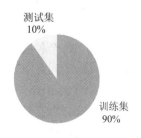

(a) 2∶1 划分　　　　　　　(b) 3∶1 划分　　　　　　　(c) 9∶1 划分

图 9-7　常见训练集和测试集划分

也可以将数据集分成训练集(Training Set)、验证集(Validation Set)和测试集(Testing Set)三类。验证集的主要作用是调整模型训练过程中的参数，因为神经网络中有一些控制参数(例如学习率、衰减因子、正则化因子等)需要调整以使网络达到最佳性能，这些参数称为超参数(Hyperparameters)，合理设定这些参数是极其重要的。验证集通常来自训练集且用作"假测试"数据，用于调整超参数。当使用验证集确定超参数值之后，才会在测试集上获得最终的精确度结果。通常分配训练集中总数据的10%～20%充当验证集，但是两者也有一定的区别，验证集是模型训练过程中留出的样本集，它可以用于调整模型的超参数并评估模型的能力。与验证集不同，测试集虽同是模型训练过程中留出的样本集，但测试集用于评估最终模型的性能，帮助对比多个最终模型并做出选择。

本数据集的图像包含雏菊 633 张，蒲公英 898 张，玫瑰 641 张，向日葵 699 张，郁金香 799 张，数据集共计 3670 张图像。本章实验使用 9∶1 的比例进行训练集和验证集的划分，训练集中共计 3306 张，验证集中共计 364 张。对于测试集中的图像，本章可以选择花卉图像进行测试的方式，也可以从收集的数据集中提前划分出部分图像进行测试。

该数据集划分包括以下三个步骤：

(1) 先导入需要的第三方软件包，如在代码中使用 random、os、shutil 等软件包。接下来，定义了一个 mk_file()函数，用来判断文件夹是否已经存在。如果文件夹已经存在，则先删除原文件夹再重新创建文件夹。这样做的目的是保证文件夹中数据准确。总的来说，mk_file()函数的作用是确保在指定的路径下创建一个新的空目录。

```python
import os
from shutil import copy, rmtree
import random


def mk_file(file_path: str):
    if os.path.exists(file_path):
        rmtree(file_path)
    os.makedirs(file_path)
```

(2) 在 main()函数中，首先通过 random.seed(0)设置种子数，使得随机数据可预测。然后，定义了一个 split_rate 变量，用来指定验证集所占的比例，这里设置为 0.1，即数据集中 10%的数据划分到验证集中。接下来，进行有关文件路径的操作。

下面一段代码的作用是为花卉分类任务准备数据集。代码中首先定义了数据集根目录 data_root，并在其中创建了一个名为 origin_flower_path 的文件夹。该文件夹包含不同种类的花卉图像，每个种类的花卉图像存储在其单独的子文件夹中。这些子文件夹的名称存储在 flower_class 列表中。然后，代码中创建了两个新的文件夹，用于存储训练数据和验证数据，分别为 train_root 和 val_root。对于每个类别，代码将在 train_root 和 val_root 中创建一个子文件夹，以存储该类别的训练图像和验证图像。最后，代码使用随机数生成器将每个类别的花卉图像分成训练集和验证集，并将它们复制到相应的文件夹中。

```python
def main():
    random.seed(0)
```

```
split_rate = 0.1
cwd = os.getcwd()
data_root = os.path.join(cwd, "flower_data")
origin_flower_path = os.path.join(data_root, "flower_photos")
assert os.path.exists(origin_flower_path)
flower_class = [cla for cla in os.listdir(origin_flower_path)
if os.path.isdir(os.path.join(origin_flower_path, cla))]
train_root = os.path.join(data_root, "train")
mk_file(train_root)
for cla in flower_class:
mk_file(os.path.join(train_root, cla))
val_root = os.path.join(data_root, "val")
mk_file(val_root)
for cla in flower_class:
mk_file(os.path.join(val_root, cla))
```

(3) 进行数据集的划分。下面一段代码段用于将数据集按照一定比例随机分配到训练集和验证集两个文件夹中。首先通过 os 模块获取原始数据集路径，然后对数据集中的每个类别(文件夹)，获取其中所有的图像，并计算出需要分配到验证集的图像数量。接着对每个类别的每张图像，根据随机抽样结果，将其分配到训练集或验证集中相应类别的文件夹中。最后输出处理完成的信息。

```
for cla in flower_class:
cla_path = os.path.join(origin_flower_path, cla)
        images = os.listdir(cla_path)
        num = len(images)
eval_index = random.sample(images, k=int(num*split_rate))
for index, image in enumerate(images):
#将分配至验证集中的文件复制到相应文件夹
if image in eval_index:
image_path = os.path.join(cla_path, image)
new_path = os.path.join(val_root, cla)
                copy(image_path, new_path)
#将分配至训练集中的文件复制到相应文件夹
else:
image_path = os.path.join(cla_path, image)
new_path = os.path.join(train_root, cla)
                copy(image_path, new_path)
            print("\r[{}] processing [{}/{}]".format(cla, index+1, num), end="")
print()
```

```
        print("processing done!")
if __name__ == '__main__':
        main()
```

9.3.2　图像数据预处理

深度学习分类模型的准确度很大程度上依赖于模型训练过程中训练数据的数量，在图像数据有限的情况下，直接训练会影响模型分类的精确度，同时也会导致训练过程中出现过拟合。为了防止这种现象的发生，可以对原始的图像数据集进行增强扩充，从现有的训练样本中生成更多的训练数据，其方法是利用多种能够生成可信图像的随机变换来增加样本。常见的数据扩充方法有水平翻转、亮度调节、随机遮挡、随机切割以及引入噪声等。本节以镜像翻转、上下翻转和增加椒盐噪声的方式为例，对原始数据加以处理，进行数据集扩充，目的是使模型在训练时不会两次查看到完全相同的图像，让模型能够观察到数据的更多内容，从而具有更好的泛化能力。

1. 镜像翻转

镜像翻转是对训练集中的图像以一定的概率进行镜像翻转，得到根据原图水平镜像翻转后的图像，如图 9-8 所示。

　　　　(a) 原图　　　　　　　　　　　　　(b) 镜像翻转后的图像

图 9-8　图像镜像翻转处理

2. 上下翻转

上下翻转是对训练集中的图像按照一定的概率进行上下翻转，得到根据原图垂直方向翻转后的图像，如图 9-9 所示。

　　　　(a) 原图　　　　　　　　　　　　　(b) 上下翻转后的图像

图 9-9　图像上下翻转处理

3. 增加椒盐噪声

椒盐噪声指盐噪声和胡椒噪声两种噪声，通常情况下会同时出现，在图像上表现为黑白杂点，如图 9-10 所示。

(a) 原图　　　　　　　　　　　　　　(b) 增加椒盐噪声后的图像

图 9-10　图像噪声处理

9.3.3　训练 VGG 网络

在具备了花卉图像数据集和 VGG 模型的网络结构后，就可以开始训练网络了。网络训练的目标是学习怎样识别标签数据中的每个类别，当网络做出错误预测时，它将从错误中学习且提高自己的预测能力。使用 PyTorch 框架搭建 VGG 模型的代码实现步骤如下所示：

(1) 导入所需的 Python 模块，包括操作系统(os)、json、torch 的神经网络模块(nn)、数据变换(transforms)、数据集(datasets)、优化器(optim)、进度条模块(tqdm)和自定义的 vgg 模型，代码如下：

```python
import os
import json
import torch
import torch.nn as nn
from torchvision import transforms, datasets
import torch.optim as optim
from tqdm import tqdm
from model import vgg
```

(2) 数据预处理。下面一段代码定义了一个数据变换字典 data_transform，其中包含了两个键值对，分别对应训练集和验证集的数据变换。对于训练集，使用 transforms.RandomResizedCrop(224)对图像进行随机裁剪，并调用 transforms.RandomHorizontalFlip()进行随机水平翻转，之后将图像转换为 Tensor 并进行归一化处理，这里使用均值为(0.5, 0.5, 0.5)和标准差为(0.5, 0.5, 0.5)进行归一化。对于验证集，首先调用 transforms.Resize((224, 224))对图像进行大小调整，之后将图像转换为 Tensor 并进行归一化处理，这里使用均值为(0.5, 0.5, 0.5)和标准差为(0.5, 0.5, 0.5)进行归一化。另外，在训练过程的 main 函数中，如果 GPU 能使用则调用 GPU，否则调用 CPU，并且在窗口处打印使用 GPU 或者 CPU 的信息。

```
def main():
    device = torch.device("cuda:0" if torch.cuda.is_available() else "cpu")
    print("using {} device.".format(device))
data_transform = {
"train": transforms.Compose([transforms.RandomResizedCrop(224),
                                     transforms.RandomHorizontalFlip(),
                                     transforms.ToTensor(),
                                     transforms.Normalize((0.5, 0.5, 0.5), (0.5, 0.5, 0.5))]),
"val": transforms.Compose([transforms.Resize((224, 224)),
                                 transforms.ToTensor(),
                                 transforms.Normalize((0.5, 0.5, 0.5), (0.5, 0.5, 0.5))])}
```

(3) 加载训练数据集。下面一段代码的作用是使用 os 模块获取数据集路径并检查其是否存在，然后使用 torchvision.datasets.ImageFolder 函数读取训练集数据。ImageFolder 函数根据目录结构自动将图像和标签加载到内存中。这里使用 os.path.join()函数拼接路径，将 data_set 文件夹和 flower_data 子文件夹加入路径，获得完整的数据集路径。ImageFolder() 函数将数据集路径设置为根目录，train 子文件夹作为训练集文件夹，应用之前定义的数据转换器 data_transform["train"]对图像进行预处理。Len()函数用于计算训练集数据的数量。

```
data_root = os.path.abspath(os.path.join(os.getcwd(), "../.."))
image_path = os.path.join(data_root, "data_set", "flower_data")
assert os.path.exists(image_path), "{} path does not exist.".format(image_path)
    train_dataset = datasets.ImageFolder(root=os.path.join(image_path, "train"),
                                     transform=data_transform["train"])
    train_num = len(train_dataset)
```

(4) 生成类别标签索引的 json 文件。下面一段代码的作用是将训练集的类别及其对应的索引(即 class_to_idx)保存为一个 json 文件。具体来说，先通过 train_dataset.class_to_idx 获取一个字典，其中键是类别名，值是对应的索引；接着将字典的键值对颠倒，得到一个以索引为键、类别名为值的新字典 cla_dict；最后使用 json.dump()函数将 cla_dict 写入到一个名为 class_indices.json 的文件中。这个 json 文件可以在后续的模型训练和预测中使用，用于将预测结果中的索引转化为对应的类别名。

```
flower_list = train_dataset.class_to_idx
cla_dict = dict((val, key) for key, val in flower_list.items())
json_str = json.dumps(cla_dict, indent=4)
with open('class_indices.json', 'w') as json_file:
        json_file.write(json_str)
```

(5) 数据加载与预处理。下面一段代码的作用是创建数据加载器，将图像数据加载为 PyTorch 中的 Dataset 对象，并通过 DataLoader 进行批量化处理和并行加载,具体步骤包括：① 设置每个 batch 中图像的数量为 16(可以通过修改 batch_size 调整)；② 确定每个进程使用的 DataLoader 工作线程数量，这里取 CPU 核心数、batch_size 和 8 三个参数中最小的值,

nw 变量存储了这个数量；③ 创建训练集的 DataLoader，设置批量大小、随机打乱数据和使用的工作线程数量；④ 创建验证集的 DataLoader，设置批量大小、不打乱数据和使用的工作线程数量；⑤ 打印数据集中训练图像数量和验证图像数量。train_loader 和 validate_loader 可以用于训练和验证 VGG 网络。

```python
batch_size = 16
nw = min([os.cpu_count(), batch_size if batch_size> 1 else 0, 8])
print('Using {} dataloader workers every process'.format(nw))
train_loader = torch.utils.data.DataLoader(train_dataset,
                                           batch_size=batch_size, shuffle=True,
                                           num_workers=nw)
    validate_dataset = datasets.ImageFolder(root=os.path.join(image_path, "val"),
                                            transform=data_transform["val"])
    val_num = len(validate_dataset)
    validate_loader = torch.utils.data.DataLoader(validate_dataset,
                                                  batch_size=batch_size, shuffle=False,
                                                  num_workers=nw)
    print("using {} images for training, {} images for validation.".format(train_num,val_num))
```

(6) 设置模型、优化器和损失函数，定义训练超参数。下面一段代码主要是进行模型的初始化和优化器的设置，包括定义模型名称 model_name，使用 vgg16 模型，模型分类数设为 5 类，参数初始化设为 True；将模型移动到 GPU/CPU 设备上；损失函数设为交叉熵损失函数；优化器设为 Adam 优化器；学习率设为 0.0001；训练的轮数设为30；初始最好的准确率定义为 0.0；保存的路径设为'./{}Net.pth'，表示训练好的模型的权重参数保存在该路径下；定义一个 train_steps 变量，表示每个 epoch 需要迭代的次数，即 batch 数。

```python
model_name = "vgg16"
net = vgg(model_name=model_name, num_classes=5, init_weights=True)
    net.to(device)
    loss_function = nn.CrossEntropyLoss()
    optimizer = optim.Adam(net.parameters(), lr=0.0001)
epochs = 30
    best_acc = 0.0
    save_path = './{}Net.pth'.format(model_name)
    train_steps = len(train_loader)
```

(7) 训练模型并保存最佳模型。下面一段代码是训练神经网络的主要部分，包括了模型的训练和验证。代码使用了一个循环来迭代训练数据集。对于每个 epoch，代码首先将模型设置为训练模式，然后遍历训练数据集的所有批次(batch)，并对每个批次进行以下操作：① 优化器的梯度清零；② 将数据和标签加载到 GPU 设备上(如果 GPU 可用)；③ 运行模型并计算输出；④ 计算损失函数；⑤ 执行反向传播和权重更新；⑥ 记录和更新当前的运行损失(running_loss)。代码使用 tqdm 库来可视化进度条和损失值。在每个 epoch 结束时，代码计算并输出训练损失和验证准确率。如果验证准确率比之前的最佳准确率更高，就将当前模型保存到磁盘上。最后输出"Finished Training"表示训练过程结束。

```python
for epoch in range(epochs):
    net.train()
    running_loss = 0.0
    train_bar = tqdm(train_loader)
    for step, data in enumerate(train_bar):
        images, labels = data
        optimizer.zero_grad()
        outputs = net(images.to(device))
        loss = loss_function(outputs, labels.to(device))
        loss.backward()
        optimizer.step()
        running_loss += loss.item()
        train_bar.desc = "train epoch[{}/{}] loss:{:.3f}".format(epoch + 1,epochs,loss)

    # validate
    net.eval()
    acc = 0.0    # accumulate accurate number / epoch
    with torch.no_grad():
        val_bar = tqdm(validate_loader)
        for val_data in val_bar:
            val_images, val_labels = val_data
            outputs = net(val_images.to(device))
            predict_y = torch.max(outputs, dim=1)[1]
            acc += torch.eq(predict_y, val_labels.to(device)).sum().item()
    val_accurate = acc / val_num
    print('[epoch %d] train_loss: %.3f    val_accuracy: %.3f' %
          (epoch + 1, running_loss / train_steps, val_accurate))

    if val_accurate > best_acc:
        best_acc = val_accurate
        torch.save(net.state_dict(), save_path)

    print('Finished Training')
if __name__ == '__main__':
    main()
```

图 9-11 为训练模型时损失值的曲线以及验证集精确度的曲线走势，由图可以清晰地看出训练过程中损失值一直在下降直至收敛，验证集的准确度也在上升直至平缓，这侧面反映出本模型配置的参数值是有效的。

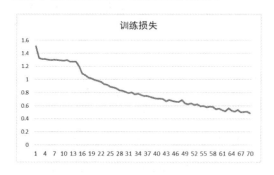

(a) 训练损失曲线

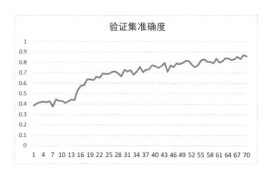

(b) 验证集准确度曲线

图 9-11　训练曲线图

9.4　模型结果评估

模型训练结束后，需要在测试集中评估训练好的网络模型。对于测试的图像，从网上随机下载其中一种花卉图像进行测试，避免使用训练集和验证集的图像数据，将该图像传入网络模型并对其进行分类验证。

模型结果评估代码如下：

```python
import os
import json
import torch
from PIL import Image
from torchvision import transforms
import matplotlib.pyplot as plt
from model import vgg


def main():
    device = torch.device("cuda:0" if torch.cuda.is_available() else "cpu")
    data_transform = transforms.Compose([transforms.Resize((224, 224)),
                        transforms.ToTensor(),
                        transforms.Normalize((0.5, 0.5, 0.5), (0.5, 0.5, 0.5))])
```

(1) 加载测试图像所在的路径，并判断测试图像的路径是否存在，若存在则读取图像进行显示。考虑测试图像的尺寸大小不一，统一调整为 224 × 224 后输入模型进行预测，并通过 torch.unsqueeze() 对数据维度进行扩充。具体代码如下：

```python
img_path = "../tulip.jpg"
assert os.path.exists(img_path), "file: '{}' dose not exist.".format(img_path)
```

```
img = Image.open(img_path)
plt.imshow(img)
img = data_transform(img)
# expand batch dimension
img = torch.unsqueeze(img, dim=0)
```

(2) 读取 class_indices.json 的内容，代码如下：

```
json_path = './class_indices.json'
assert os.path.exists(json_path), "file: '{}' dose not exist.".format(json_path)
json_file = open(json_path, "r")
class_indict = json.load(json_file)
```

(3) 创建模型结构，搜索训练好的模型权重的路径 weights_path，并判断加载权重的路径是否存在，通过 torch.load() 加载训练好的模型预测类别，显示预测的类别以及准确度。具体代码如下：

```
model = vgg(model_name="vgg16", num_classes=5).to(device)
weights_path = "./vgg16Net.pth"
assert os.path.exists(weights_path), "file: '{}' dose not exist.".format(weights_path)
model.load_state_dict(torch.load(weights_path, map_location=device))


model.eval()
with torch.no_grad():
    # predict class
    output = torch.squeeze(model(img.to(device))).cpu()
    predict = torch.softmax(output, dim=0)
    predict_cla = torch.argmax(predict).numpy()


print_res = "class: {}    prob: {:.3}".format(class_indict[str(predict_cla)],
                            predict[predict_cla].numpy())
plt.title(print_res)
print(print_res)
plt.show()


if __name__ == '__main__':
    main()
```

图 9-12 至图 9-16 示出了本模型所预测的结果，由图可以看出本模型对玫瑰、向日葵、郁金香的预测准确率比较高，主要是这 3 种花卉的形态比较固定，经过训练能比较准确地识别；在识别雏菊和蒲公英的准确度上有所降低，主要是这两种花卉的形态善变，花卉目标小，容易识别错误，可以通过数据增强的方法增加这两种花卉的数据集，让网络学习到更多的细节信息，从而提高识别准确率。

(a) 准确率：0.81　　　　(b) 准确率：0.81　　　　(c) 准确率：0.81

图 9-12　部分玫瑰预测准确率

(a) 准确率：0.754　　　(b) 准确率：0.994　　　(c) 准确率：0.999

图 9-13　部分雏菊预测准确率

(a) 准确率：0.563　　　(b) 准确率：1.0　　　(c) 准确率：0.999

图 9-14　部分蒲公英预测准确率

(a) 准确率：1.0　　　(b) 准确率：1.0　　　(c) 准确率：1.0

图 9-15　部分向日葵预测准确率

(a) 准确率：0.998　　　　　(b) 准确率：0.999　　　　　(c) 准确率：1.0

图 9-16　部分郁金香预测准确率

本 章 小 结

　　VGGNet 是一个经典的深度卷积神经网络结构，具有较好的性能和可拓展性。本章详细介绍了使用 VGGNet 进行花卉分类任务，包括数据预处理、模型搭建、模型训练和模型测试等过程，具体涉及图像数据增强、模型参数初始化、模型编译、模型训练和模型测试等内容。在模型训练过程中，使用了交叉熵损失函数和随机梯度下降算法来优化模型，同时使用了学习率衰减和早停策略来防止过拟合。使用 VGGNet 进行图像分类任务，在园林植物识别、农业植物病虫害防治、医药植物识别等领域具有重要意义。总而言之，本章涉及的深度学习、卷积神经网络以及计算机视觉等多个领域的知识点，对于进一步探索植物图像分类识别技术具有一定的参考价值。

习　　题

1. 基于深度学习网络的图像分类主要存在哪些优势？
2. VGGNet 网络的主要创新点是什么？
3. 利用本章所学知识尝试使用其他数据集，如猫狗数据集，搭建模型进行图像分类。

第 10 章　计算机视觉应用——目标检测

随着深度学习技术的发展、计算能力的提升和视觉数据的增加，计算机视觉技术在图像搜索、智能相册、人脸识别、城市智能交通管理和智慧医疗等诸多领域都取得了令人瞩目的成绩。计算机视觉是人工智能的一个非常重要的实现方式，包含多个分支，其中图像分类、目标检测和语义分割是计算机视觉的重要研究领域。本章主要介绍计算机视觉应用的基本任务之一——目标检测。作为图像理解和计算机视觉的基石，目标检测是解决分割、场景理解、目标追踪、图像描述、事件检测和活动识别等更复杂更高层次的视觉任务的基础。

10.1　目标检测简介

目标检测(Object Detection)是计算机视觉的一个非常重要的分支，广泛应用于各个领域。目标检测的任务是识别图像中所有感兴趣的目标(物体)，确定目标的类别、位置和大小。由于各类物体的外观、形状和姿态各有不同，加上光照、噪声和遮挡等环境因素的干扰，因此，目标检测主要解决目标位置的随机性以及目标类别的不确定性。

传统的目标检测算法大多是基于手工特征构成的，由于缺乏有效的图像表示，只能通过设计复杂的特征表示以及各种加速技术对有限的计算资源进行充分利用，例如模板匹配、HOG 和 SVM 等。近年来，随着人工智能的发展，深度学习技术逐渐成熟，深度学习方法在目标检测领域的应用越来越广泛。深度学习是学习样本数据的内在规律和表示层次，是一种可以直接从数据中学习特征信息的强大方法，它的最终目的是使机器能够像人一样具有分析学习的能力，能够识别文字、图像和声音等数据。

基于深度学习的目标检测方法主要分为两阶段式(Two-Stage)目标检测和单阶段式(One-Stage)目标检测两类。前者先由算法生成一系列的候选区域框作为样本，然后再通过卷积神经网络(Convolutional Neural Networks, CNN)对这些样本进行分类和定位，这也被称为基于区域的方法，例如 R-CNN、Faster R-CNN 和 R-FCN 等方法；后者则是直接将目标边界问题转换为回归问题，将输入的数据缩放到统一尺寸，并以网格的形式均等划分模型，同时得到目标的位置和分类结果，例如 SDD、YOLO 等方法。两种方法的性能不同，前者的检测准确率和定位准确率更佳，而后者的检测速度更快。图 10-1 所示为两阶段式与单阶段式目标检测网络，两阶段式目标检测网络通过检测层 1 找出目标出现的位置，得到候选区域框，然后通过检测层 2(两阶段式目标检测网络独有)对候选区域框进行分类，寻找更加精确的位置；单阶段式检测网络则直接通过检测层 1 生成类别概率和位置坐标，得到最终检测结果。

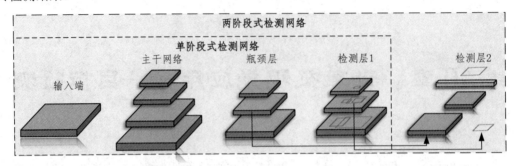

图 10-1　两阶段式与单阶段式目标检测网络

10.2　两阶段式目标检测网络 Faster R-CNN

经过 R-CNN 和 Fast R-CNN 的积淀，Ross B.Girshick 在 2016 年提出了新的 Faster R-CNN。在结构上，Faster R-CNN 已经将 feature extraction、proposal、bounding box regression、classification 都整合在一个网络中，使得算法的综合性能有了较大提高，在检测速度方面尤为明显。Faster R-CNN 结构图如图 10-2 所示。

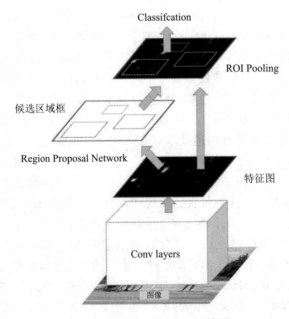

图 10-2　Faster R-CNN 结构图

如图 10-2 所示，Faster R-CNN 主要分为 4 个部分：

(1) Conv layers：特征提取部分。作为基于卷积神经网络的目标检测网络，Faster R-CNN 首先使用一组基础的卷积层+激活函数+池化层(Conv + ReLU + Pooling)提取特征图(Feature Maps)。该特征图被共享并用于后续 Region Proposal Network(RPN)层和全连接层。

(2) Region Proposal Network：候选区域网络。RPN 用于生成候选区域框。该部分通过 Softmax 判断先验框内是否包含目标信息，再利用边界框(也称为边缘框)回归(Bounding Box Regression)修正先验框进而获得精确的候选区域框。

(3) ROI Pooling：兴趣域池化部分。该部分收集输入的特征图及 RPN 输出的候选区域框，综合这些信息后提取候选区域特征图，送入后续全连接层判定目标类别。

(4) Classification：分类回归部分。该部分利用候选区域特征图计算候选区域框的类别，同时再次利用边界框回归获得检测框最终的精确位置。

本节主要基于以上四点对 Faster R-CNN 进行阐述。

10.2.1　特征提取部分

Conv layers 包含了卷积层、激活函数、池化层三部分，共有 13 个卷积层、13 个激活函数、4 个池化层，主要对输入样本进行特征提取。其中所有的卷积都做了扩边处理(设置卷积的参数 $p = 1$，填充一圈 0)，导致原图大小变为 $(M + 2) \times (N + 2)$，通过 3×3 卷积后输出大小为 $M \times N$。这种设置使 Conv layers 中的卷积层不会改变输入和输出特征图的大小。扩边处理如图 10-3 所示。

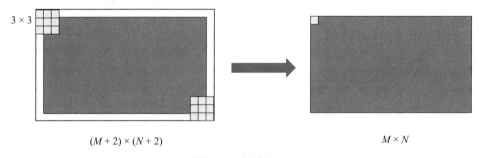

3×3

$(M + 2) \times (N + 2)$　　　　　　　　　　　$M \times N$

图 10-3　扩边处理

Conv layers 中的池化核尺寸为 2×2，步距为 2。通过这样的池化过程，每个经过池化层的 $M \times N$ 矩阵，大小都会变为 $(M/2) \times (N/2)$。综上所述，在整个 Conv layers 中，卷积层和激活函数层不改变输入/输出大小，只有池化层使输出宽、高都变为输入的 1/2。

10.2.2　候选区域网络

经典的检测方法生成检测框都非常耗时，例如 OpenCV adaboost 使用滑动窗口法生成检测框，R-CNN 使用 Selective Search 方法生成检测框。而 Faster R-CNN 则抛弃了传统的滑动窗口法和 Selective Search 方法，直接使用 RPN 生成检测框，这也是 Faster R-CNN 的巨大优势，能极大提升检测框的生成速度。

图 10-4 所示为 RPN 的具体结构，由图可以看到 RPN 主要由两条线路组成。上面一条通过 Softmax 分类先验框获得正样本和负样本，下面一条用于计算边界框回归的偏移量，以获得精确的候选区域。而最后的 proposal 层则负责综合先验框和对应边界框的偏移量，获取所有可能的候选区域框，同时剔除太小和超出边界的框。整个网络到了 proposal 阶段，就相当于完成了目标定位的功能。

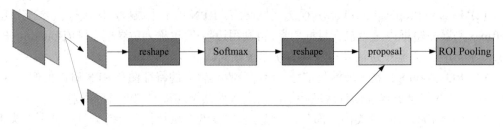

图 10-4　RPN 的具体结构

1. 先验框

先验框又称为锚框(Anchor Box)，是目标检测网络中非常重要的结构。在先验框出现之前，目标检测网络通常使用滑动窗口法来进行目标的检测。但是滑动窗口法中的窗口尺寸固定，当被检测目标尺寸变化较大，或者同一个窗口内存在多个目标时，其检测效果很差，且运算量较大，并不适合实时检测，先验框的多尺寸则可以很好地解决上述问题。

在训练以及检测过程中都需要先验框。在训练时需要对每个先验框标注两类信息，即判断每个先验框的类别以及相对于真实框的偏移量。训练的目的主要是训练先验框拟合出真实框的模型参数，以便检测使用；在检测过程并不是直接在图像上生成预测框，而是基于先验框生成的预测框，否则会导致检测效果很差。首先在输入图像中生成很多个先验框，然后预测每个先验框的类别以及偏移量，最后根据预测的偏移量对先验框进行调整(例如尺寸大小调整以及位置偏移)进而生成预测框。锚点(锚框的几何中心点)以及先验框(锚框)示意图如图 10-5 所示。

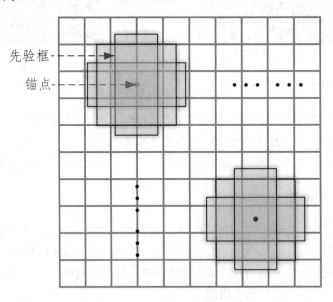

图 10-5　锚点以及先验框

2. 边界框回归原理

如图 10-6 所示，浅色框为飞机的真实框，深色框为提取的先验框。虽然深色的框被分类器识别为飞机，但是由于深色的框定位不准，因此这张图相当于没有正确地检测出飞机。所以需要使用边界框回归对深色框进行微调，使得先验框和真实框更加接近。

图 10-6　真实框与先验框

框一般使用四维向量 (x, y, w, h) 表示，分别表示框的中心点坐标、宽和高。对于图 10-7，深色的框 A 代表原始的先验框，浅色的框 G 代表目标的真实框，边界框回归的最终目的是寻找一种关系，使得输入原始的先验框 A 经过映射得到一个跟真实框 G 非常接近的回归窗口 G'，也就是说，给定 $A = (A_x, A_y, A_w, A_h)$ 和 $G = (G_x, G_y, G_w, G_h)$，寻找一种变换 F，使得 $F(A_x, A_y, A_w, A_h) = (G'_x, G'_y, G'_w, G'_h)$，其中 $(G'_x, G'_y, G'_w, G'_h) \approx (G_x, G_y, G_w, G_h)$。

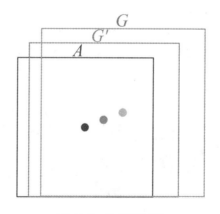

图 10-7　边界框回归

10.2.3　兴趣域池化

ROI(Region Of Interest)是指从目标图像中识别出的候选识别区域。在 Faster R-CNN 中，候选识别区域是将从 RPN 产生的候选区域框映射到特征图上得到的。ROI Pooling 的作用就是把大小、形状各不相同的候选识别区域归一化为固定尺寸的目标识别区域。

ROI Pooling 不同于 CNN 中的池化层，它通过分块池化的方法得到固定尺寸的输出。假设 ROI Pooling 层的输出大小为 $w_2 \times h_2$，输入候选区域的大小为 $w \times h$，ROI Pooling 的过程如下：

(1) 将输入候选区域划分为 $w_2 \times h_2$ 大小的子网格窗口，每个窗口的大小为 $(w/w_2) \times (h/h_2)$。

(2) 对每个子网格窗口取最大元素作为输出，从而得到大小为 $w_2 \times h_2$ 的输出。如图 10-8 所示，假设特征图大小为 4×4，候选识别区域大小为 3×3，通过 2×2 的 ROI Pooling 得到 2×2 的归一化输出。4 个划分后的子窗口分别为 1、2、5、6(6 最大)，3、7(7 最大)，9、10(10 最大)，11(11 最大)，然后对每个子窗口进行最大池化，最终得到需要的输出。

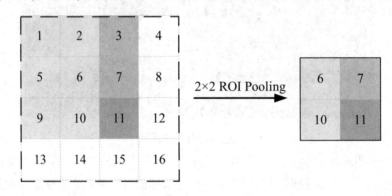

图 10-8　ROI Pooling 过程

10.2.4　分类回归部分

Classification 利用已经获得的目标识别区域，通过全连接层与 Softmax 计算每个候选区域框具体的类别(例如人、车、电视等)，输出类别概率向量，同时再次利用边界框回归获得每个候选区域框的位置偏移量，从而获得更加精确的目标检测框。Classification 网络结构如图 10-9 所示。

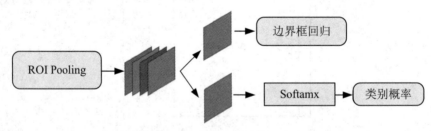

图 10-9　Classification 网络结构

Faster R-CNN 创新性地设计出 RPN 网络，利用先验框的强先验功能将 ROI 的生成与卷积神经网络联系在一起。首先在特征图上的每个像素点生成若干个大小不一的先验框，主干网络生成的特征图经过 RPN 卷积神经网络预测出每个先验框的类别和相对于标签的偏移量，经过反向优化调整使得先验框尽可能地逼近标签。由于判定为负样本的标签过多，需要经过筛选得到最终生成的 ROI。ROI 经过 ROI Pooling 输入 R-CNN 模块进行细分类和回归，完成目标检测。虽然 Faster R-CNN 做出了创新，但其仍然是一个二阶的目标检测框架，因为在 RPN 模块和 R-CNN 模块分别进行了损失函数计算和反向优化。随着研究的深入，后续又涌现出了 SSD、YOLO 等性能更加优异的一阶模型，带动了目标检测的落地应用。

10.3　单阶段式目标检测网络 YOLOv3

YOLO(You Only Look Once)是一种端到端的目标检测模型，具有检测速度快、精度高等良好的性能。YOLO 的基本思想是：通过主干网络提取输入特征，得到指定大小的特征图输出，将输入图像划分成指定大小的网格，如果真实框中某个对象的中心坐标落在某个网格中，则由该网格来预测对象。每个对象分配 3 个边界框，通过逻辑回归预测回归框。

YOLOv3 主要分为特征提取层、瓶颈层和检测层 3 个部分。YOLOv3 以全卷积神经网络 DarkNet53 作为特征提取层，主要作用是对输入的图像进行特征提取，得到检测对象的特征信息，对目标的类别进行分类；瓶颈层使用基于特征金字塔(FPN)的特征融合方法，主要作用是对特征提取层提取的特征信息进行融合，充分利用不同尺度的特征信息；检测层以 GIoU 损失函数为评估条件，用预测框拟合真实框，输出检测结果。

YOLOv3 整体的网络结构如图 10-10 所示。

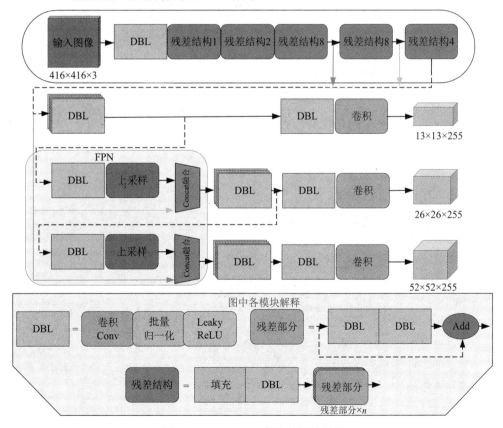

图 10-10　YOLOv3 整体的网络结构

10.3.1 　数据输入

　　由于数据集图像的尺寸往往是不规则的，可能会使得参数在神经网络传播的过程中无法更新，影响网络的训练。因此神经网络对于输入图像的尺寸是有要求的。神经网络参数的计算公式为

$$z = wx + b \tag{10-1}$$

式中，w 表示权重参数，b 表示偏置参数。神经网络的结构一旦固定，需要学习的参数就会固定。例如，输入图像的尺寸为 28×28，图像分辨率的 784ppi，w 的转置为(500,784)，输出矩阵的尺寸为 500×1。如果改变输入图像的尺寸，w 的大小不变，那么参数在神经网络的传播过程中得不到更新，就会导致网络无法训练。所以，为了更好地提取图像的特征信息，YOLOv3 对输入图像的尺寸进行了统一，统一的方式为比例缩放和边缘填充。首先，以原始图像最长边为基准边计算缩放系数，使其长度变换为设定长度，然后将整张图像进行等比例缩放；完成上述步骤后，采用边缘填充的方式将图像扩充到设定尺寸，YOLOv3 使用灰色背景作为填充，即图像的 RGB 为(128,128,128)。如果采用 0 作为边缘填充，会导致在推理阶段出现问题，网络的张量输出值异常，要么没有检测框，要么出现大量混乱的检测框。

　　YOLOv3 对输入图像尺寸进行统一的算法如下：

```python
#导入库
from PIL import Image
#定义边缘填充函数
def pad_image(image, target_size):
    #原始图像的尺寸
    iw, ih = image.size
    w, h = target_size
    #目标图像的尺寸
    scale = min(float(w) / float(iw), float(h) / float(ih))
    #以长边为比例计算缩放系数
    nw = int(iw * scale)
    nh = int(ih * scale)
    #采用双三次插值算法缩小图像
    image = image.resize((nw, nh), Image.BICUBIC)
    image.show()
    #生成灰色图像
    new_image = Image.new('RGB', target_size, (128, 128, 128))
    new_image.show()
    #为整数除法，计算图像的位置
    new_image.paste(image, ((w - nw) // 2, (h - nh) // 2))
    new_image.show()
```

```
        return new_image
#主函数
def main():
    img_path = ''
    image = Image.open(img_path)
    size = (416, 416)
    #填充图像
    pad_image(image, size)
if __name__ == '__main__':
    main()
```

尺寸统一操作结果如图 10-11 所示。

(a) 原始图像　　　　　　　　　　　　　(b) 尺寸统一后的图像

图 10-11　尺寸统一操作结果

10.3.2　特征提取网络 DarkNet53

DarkNet 是一个经典的深层卷积神经网络，是基于 ResNet 网络演变而来的。DarkNet 的特点是在保证对特征进行超强表达的同时又避免网络过深带来的梯度问题。YOLOv3 使用全卷积神经网络 DarkNet53 作为主干特征提取网络，DarkNet53 具有 53 层网络结构，其结构如图 10-10 所示。DarkNet53 网络结构与 ResNet 网络结构的不同点在于以下 3 个方面：

(1) 对于第一层网络结构的处理，DarkNet53 继续沿用 VGG 网络的处理方式，对于输入的数据先进行步距为 1、卷积核大小为 3×3 的卷积操作，然后再进行下采样，下采样也是使用步距为 2、卷积核大小为 3×3 的卷积操作。由于池化操作会丢失大量的位置信息，因此 DarkNet53 抛弃了 ResNet 所使用的池化操作。

DarkNet53 网络中的下采样代码如下：

```
#定义下采样函数
class DownSampleLayer(nn.Module):
    def __init__(self,in_channels,out_channels):
```

```
        super (DownSampleLayer, self).__init__()
        #残差结构的实现
        self.conv = nn.Sequential(
            ConvolutionalLayer(channels,out_channels,kernal_size=3,stride=2,padding=1))
    #前向传播
    def forward(self,x):
        return self.conv(x)
```

(2) DarkNet53 的每一个残差结构与 ResNet 的残差结构均不同。残差结构的计算公式为

$$y = F(x) + x \tag{10-2}$$

式中，y 表示残差连接输出结果，x 表示数据输入，$F(x)$表示卷积操作。

　　两种残差结构如图 10-12 所示。图 10-12(a)为 ResNet 的残差结构，图 10-12(b)为 DarkNet53 的残差结构。DarkNet53 首先使用卷积核大小为 1×1 的卷积将通道数降到 1/2，然后使用卷积核大小为 3×3 的卷积将通道数升维到原来的大小，这样大大提高了特征提取的效率。除此之外，DarkNet53 在每个残差结构的开始使用卷积核大小为 3×3、步距为 2 的卷积进行下采样操作，使网络得以更好地传递，并能更好地提取特征信息。

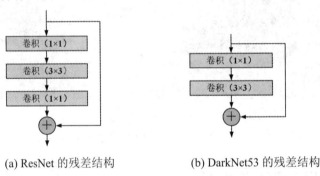

(a) ResNet 的残差结构　　　　　　　(b) DarkNet53 的残差结构

图 10-12　残差结构

DarkNet53 的残差结构代码如下：

```
#定义残差结构函数
class ResidualLayer(nn.Module):
    def __init__(self,in_channels):
        super (ResidualLayer, self).__init__()
        #残差结构的实现
        self.reseblock = nn.Sequential(
            ConvolutionalLayer (channels,channels//2,kernal_size=1,stride=1,padding=0),
            ConvolutionalLayer(channels // 2,channels,kernal_size=3,stride=1,padding=1))
        #前向传播
    def forward (self, x):
        return x+self.reseblock(x)
```

(3) 对于网络结构中的每个卷积块，ResNet 和 DarkNet53 使用了不同的损失函数。ResNet 使用"修正线性单元"，简称 ReLU 激活函数，表达式为

$$\text{ReLU} = \max(0, x) \tag{10-3}$$

ReLU 激活函数的优点在第 6 章已进行了介绍，虽然其能够解决梯度消失等现象，但是依然存在着以下问题：

① ReLU 激活函数不以 0 为中心；

② 在前向传播的过程中，如果 $x<0$，则神经元处于非激活状态，且在反向传播的过程中梯度为 0，这样使得参数无法得到更新，网络模型无法学习。

为解决 ReLU 激活函数存在的问题，DarkNet53 使用 Leaky ReLU 激活函数，表达式为

$$\text{Leaky ReLU} = \max(ax, x) \tag{10-4}$$

Leaky ReLU 激活函数的曲线图如图 10-13 所示。

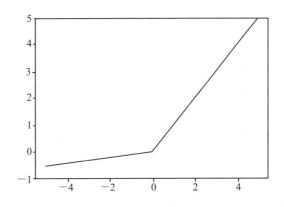

图 10-13 Leaky ReLU 激活函数曲线图

ReLU 激活函数将所有的负值都设为 0，Leaky ReLU 则是给所有的负值赋予一个非零的斜率。Leaky ReLU 激活函数是在声学模型中首次提出的，在拥有 ReLU 优点的同时，有效地解决了当 $x<0$ 时反向传播的梯度为 0 的问题，有效地保留了一些负轴的值，使得负轴的信息不会全部丢失。

DarkNet53 中的卷积块采用标准卷积+归一化+激活函数的形式，即在标准卷积和激活函数之间引入归一化操作，该操作也叫批量归一化。因为随着网络层数的加深，深层神经网络在进行非线性变换前输入值的分布会逐渐发生偏移或变动，导致反向传播时低层神经网络的梯度消失，这是深层神经网络收敛变慢的本质原因。而归一化操作就是通过一定的规范化手段，把每层神经网络任意神经元的输入值规范成均值为 0、方差为 1 的标准正态分布，把偏移渐深的分布强行规范到比较标准的正态分布，有效避免了梯度消失问题的产生，能大大加快训练速度。卷积块的代码如下：

```
#定义卷积块
class Conv2D(nn.Module):
    def __init__(self, c_in, c_out, k, s, p, bias=True):
        super(Conv, self).__init__()
        #定义标准卷积+归一化+激活函数的形式
        self.conv = nn.Sequential(
```

```
        #标准卷积
        nn.Conv2d(c_in, c_out, k, s, p),
        #归一化
        nn.BatchNorm2d(c_out),
        #激活函数
        nn.LeakyReLU(0.1))
    #前向传播
    def forward(self, entry):
        return self.conv(entry)
```

10.3.3　特征金字塔结构

　　特征金字塔结构(Feature Pyramid Networks)是图像多尺度的一种表达形式，是一系列以金字塔形状排列的、分辨率逐步降低且来源于同一张原始图的图像集合。该结构通过梯度向下采样获得，直到达到某个终止条件才停止采样。

　　在特征提取过程中，卷积神经网络低层的特征图感受野小，目标的位置信息比较丰富，而语义信息较少；高层的特征图感受野大，目标的位置信息比较粗糙，而语义信息比较丰富。因此，高层的特征图通常对较大尺寸的物体检测效果较好，而对小目标的检测效果不佳。卷积神经网络下采样一定倍数后，有一部分小尺寸的物体极有可能会消失在特征图中导致无法被识别。特征金字塔结构的出现很好地缓解了目标检测在处理多尺度变化问题时存在的不足，可以在增加极小计算量的情况下，处理好目标检测中的多尺度变化问题。特征金字塔结构引入了自上而下的路径和横向连接将高层丰富的语义信息与低层丰富的位置信息融合，进一步提高了结构的检测性能。

　　YOLOv3 借鉴了特征金字塔结构，在特征提取网络之后构建了特征金字塔结构，通过融合主干网络最后的 3 个尺度的特征，充分利用不同尺度的特征信息，提升检测精度，如图 10-14 所示。

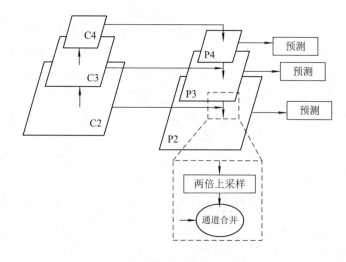

图 10-14　特征金字塔结构

图 10-14 中，左侧为自下而上的特征提取网络，特征层次由各个阶段不同比例的特征图组成，相邻层次之间的特征图大小相差一倍。由于每个阶段最深层的特征图具有最多的信息，因此选择每个阶段最后一层的特征图作为检测输出；右侧是一个自上而下的特征金字塔结构，将左侧特征提取网络的 C4 作为检测层之一，并将其称为 P4 层。对 P4 层的特征图上采样两次，并与左侧特征提取网络的 C3 横向连接进行特征融合，生成新的检测层 P3。最终的输出特征映射集是{P2，P3，P4}。在 YOLOv3 网络结构中，使用 3 个检测层充分利用了最后 3 层的特征信息。

10.3.4　YOLOv3 中的锚框机制

边缘框的预测是指预测其相对于网格的坐标位置。如图 10-15 所示，对于每个边缘框，模型会预测 5 个值，分别是 t_x、t_y、t_w、t_h 和 t_o。其中，t_o 与置信度的预测值有关；t_w 和 t_h 是预测的宽、高偏移量；t_x 和 t_y 是预测的相对于网格左上角坐标的偏移量，通过 Sigmoid 激活函数归一化为[0,1]的输出区间，将其限制在当前网格内，否则边缘框的中心可以在图像的任何位置，不利于模型的收敛。

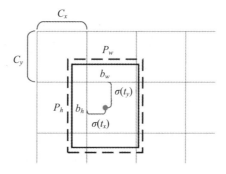

图 10-15　边缘框的位置预测

在图 10-15 中，C_x 和 C_y 表示目标中心所在的网格距离图像左上角的横、纵坐标的距离，图中 C_x 和 C_y 值都为 1；虚线框为锚框，P_w 和 P_h 是设定的锚框尺寸映射到特征图上的宽、高；实线框为模型预测的边缘框，其预测值计算方式如下：

$$b_x = \sigma(t_x) + C_x \tag{10-5}$$

$$b_y = \sigma(t_y) + C_y \tag{10-6}$$

$$b_w = P_w e^{t_w} \tag{10-7}$$

$$b_h = P_h e^{t_h} \tag{10-8}$$

$$\sigma(t_o) = \Pr(\text{object}) \times \text{IoU}(b, \text{object}) \tag{10-9}$$

式中，σ 是 Sigmoid 激活函数，b_x 和 b_y 为预测的边缘框的中心坐标，b_w 和 b_h 为边缘框的宽、高，$\sigma(t_o)$为置信度的预测值，$\Pr(\text{object})$是预测框有目标的概率，$\text{IoU}(b,\text{object})$是预测框和真实框的交并比。得到预测框的参数后，基于损失函数计算得到预测框和真实框的损失，然后通过梯度下降法将损失最小化，使预测框慢慢地逼近真实框。

YOLOv3 利用 3 个尺度的特征图进行检测，每个特征图都需要设定 3 个尺寸的锚框，总共需要设定 9 个锚框的尺寸。如果网络初始化时就能选择合适尺寸的锚框，那么网络可以更好更快地进行预测。YOLOv3 采用 k-means 算法对训练集中的真实框进行聚类，将 9 类出现频率最高的框作为锚框的尺寸率先验证，以加速网络的收敛。标准的 k-means 算法以欧氏距离作为衡量数据对象之间相似度的标准，这明显不适用于衡量矩形框之间的差异。由于误差会随着矩形框的尺寸变大而变大，因此采用 IoU 重新定义距离函数，表达式为

$$d(\text{box}, \text{centroid}) = 1 - \text{IoU}(\text{box}, \text{centroid}) \tag{10-10}$$

式中，centroid 为聚类中心，box 为训练集中每个真实框，IoU 为两个矩形框之间的交并比。k-means 算法的主要步骤如下：

(1) 初始化聚类中心，这里类别为 9 类，聚类中心为真实框的宽高 (W_i, H_i)。

(2) 计算每个真实框与所有聚类中心的距离，将每个框分配给距离最近的聚类中心。

(3) 将所有的框分配完后，重新计算每个类别簇的聚类中心 (W_i^*, H_i^*)，即

$$W_i^* = \frac{1}{N_i} \sum w_i \tag{10-11}$$

$$H_i^* = \frac{1}{N_i} \sum h_i \tag{10-12}$$

(4) 重复步骤(2)和(3)，直至类别簇的中心位置不再发生变化。

聚类得到的 9 类锚框按尺度分配给 3 个特征层，低分辨率的特征图对应的感受野大，映射到原图中对应的锚框尺寸也大；反之，高分辨率的特征图对应的锚框尺寸小。因此，9 类锚框按从小到大的顺序可分配给 3 个特征图。

10.3.5　损失函数

损失函数是将随机事件或其有关随机变量的取值映射为非负实数，以表示该随机事件的"风险"或"损失"的函数。损失函数广泛应用于机器学习、深度学习和控制理论等学科中，通常作为学习准则与优化问题相关联。其作用是衡量模型的性能，即通过最小优化损失函数求解和评估模型。损失函数作为深度学习中重要的模块，在网络训练的过程中指导网络参数向最优化的方向迭代，使得模型能够做出最优的预测。

YOLOv3 的损失函数由边缘框回归损失、目标置信度损失和分类损失 3 部分组成。整体的损失函数表达式为

$$\text{Loss}_{\text{total}} = \text{loss}_{\text{box}} + \text{loss}_{\text{obj}} + \text{loss}_{\text{cls}} \tag{10-13}$$

1. 边缘框回归损失

边缘框回归损失由左上角坐标的损失和宽高的损失两部分组成，采用均方差损失函数计算：

$$\text{Loss}_{\text{box}} = \sum_{i=0}^{K \times K} \sum_{j=0}^{M} I_{ij}^{\text{obj}} (2 - w_i \times h_i) \left[\left(x_i - \hat{x}_i \right)^2 + \left(y_i - \hat{y}_i \right)^2 \right] +$$

$$\sum_{i=0}^{K \times K} \sum_{j=0}^{M} I_{ij}^{\text{obj}} \left(2 - w_i \times h_i \right) \left[\left(w_i - \hat{w}_i \right)^2 + \left(h_i - \hat{h}_i \right)^2 \right] \tag{10-14}$$

式中：K 是 3 个预测层网格的大小，包含 13、26 和 52 这 3 个值；M 代表每个网格上的 M 个锚框；I_{ij}^{obj} 代表第 i 个网格的第 j 个锚框是否负责这个目标，如果负责则其值为 1，反之为 0；x_i 和 y_i 分别表示真实框左上角的坐标；w_i 和 h_i 分别表示真实框的宽和高；$\hat{x}_i$ 和 $\hat{y}_i$ 分别表示预测框左上角的坐标；$\hat{w}_i$ 和 $\hat{h}_i$ 分别表示预测框的宽和高。

在边缘回归损失函数中，$(2 - w \times h)$ 为对边缘框坐标乘以的尺寸系数，由于边缘框的宽和高越小，面积就越小，在和先验框拟合时，交并比(IoU)就会越小，因此使用尺寸系数弱化边缘框尺寸对损失值的影响。

对于预测框和真实框的距离拟合，YOLOv3 使用了交并比作为度量条件。IoU 是预测框与真实框的交并比，是目标检测基准中最常用的评估指标，计算方法为

$$\text{IoU} = \frac{A \bigcap B}{A \bigcup B} \tag{10-15}$$

式中，A 表示预测框，B 表示真实框。

使用 IoU 作为预测框和真实框之间形状的度量有如下优点：① 可以反映预测框与真实框的检测效果；② 具有良好的尺度不变性，即对尺度不敏感。

IoU 的计算代码如下：

```
#导入库
import numpy as np
#定义 IoU 函数
def get_IoU(pred_bbox, gt_bbox):
    #获取预测框与真实框的坐标
    ixmin = max(pred_bbox[0], gt_bbox[0])
    iymin = max(pred_bbox[1], gt_bbox[1])
    ixmax = min(pred_bbox[2], gt_bbox[2])
    iymax = min(pred_bbox[3], gt_bbox[3])
    iw = np.maximum(ixmax - ixmin + 1., 0.)
    ih = np.maximum(iymax - iymin + 1., 0.)
    #预测框与真实框交集的面积
    inters = iw * ih
    #预测框与真实框并集的面积
    uni = ((pred_bbox[2] - pred_bbox[0] + 1.) * (pred_bbox[3] - pred_bbox[1] + 1.) +
           (gt_bbox[2] - gt_bbox[0] + 1.) * (gt_bbox[3] - gt_bbox[1] + 1.) -
           inters)
    #计算交并比
    overlaps = inters / uni
```

将交并比的概念映射到实际样本图上，如图 10-16 所示，其中浅色底框为预测结果，深色底框为真实框。一般情况下对于预测框的判定都会存在一个阈值，也就是 IoU 的阈值，一般设置当 IoU 的值大于 0.5 时，可认为检测到目标物体。

图 10-16　实际样本图中真实框与预测框

2. 目标置信度损失与分类损失

目标置信度的损失为边缘框内有无目标的损失，与分类损失一样都是二元交叉熵函数，其计算式分别如下：

$$\text{Loss}_{\text{obj}} = -\sum_{i=0}^{K \times K} \sum_{j=0}^{M} I_{ij}^{\text{obj}} [C_i \log(\hat{C}_i) + (1 - C_i) \log(1 - \hat{C}_i)] -$$

$$\sum_{i=0}^{K \times K} \sum_{j=0}^{M} I_{ij}^{\text{noobj}} [C_i \log(\hat{C}_i) + (1 - C_i) \log(1 - \hat{C}_i)] \tag{10-16}$$

$$\text{Loss}_{\text{cls}} = -\sum_{i=0}^{K \times K} \sum_{j=0}^{M} I_{ij}^{\text{obj}} \sum_{c \in \text{classes}} [p_i(c) \log(\hat{p}_i(c)) +$$

$$(1 - p_i(c)) \log(1 - \hat{p}_i(c))] \tag{10-17}$$

式中：Loss_{obj} 是目标置信度的损失；Loss_{cls} 是分类损失；K 是 3 个预测层网格的大小，包含 13、26 和 52 这 3 个值；M 代表每个网格上的 M 个锚框；I_{ij}^{obj} 代表第 i 个网格的第 j 个锚框是否负责这个目标，如果负责则其值为 1，反之为 0；C_i 和 $\hat{C}_i$ 分别是目标置信度的真实值和预测值；$p_i(c)$ 和 $\hat{p}_i(c)$ 分别是目标类别(c)概率的真实值和预测值。

10.4　目标检测算法评价指标

在人工智能领域，模型的效果需要用各种指标来评价。常用的目标检测指标包含准确率、精度、召回率、FPR、F1 分数、PR 曲线、ROC 曲线、AP 的值以及 mAP，本节主要对这些重要的指标进行阐述。

10.4.1　综合指标

首先介绍几个常见的模型评价术语。假设目标只有两类，即正样本(Positive)和负样本(Negative)，则与相关的术语如下：

(1) True Positives(TP)：被正确地划分为正样本的个数，即实际为正样本且被分类器划分为正样本的数目。

(2) False Positives(FP)：被错误地划分为正样本的个数，即实际为负样本但被分类器划分为正样本的数目。

(3) False Negatives(FN)：被错误地划分为负样本的个数，即实际为正样本但被分类器划分为负样本的数目。

(4) True Negatives(TN)：被正确地划分为负样本的个数，即实际为负样本且被分类器划分为负样本的数目。

下面阐述与上述术语相关的几个重要的目标检测指标。

1. 准确率

准确率(Accuracy)是常见的评价指标，即被正确划分的样本数除以所有的样本数。通常来说，准确率越高，分类器越好，计算公式如下：

$$\text{Accuracy} = \frac{TP + TN}{TP + TN + FP + FN} \tag{10-18}$$

2. 精度

精度(Precision)是从预测结果的角度来统计的，表示预测为正样本的数据中真正的正样本的个数，代表分类器预测正例的准确程度，即"找得对"的比例，计算公式如下：

$$\text{Precision} = \frac{TP}{TP + FP} \tag{10-19}$$

式中，TP+FP 为所有的预测为正样本的数据，TP 为预测正确的正样本个数。

3. 召回率

召回率(Recall)与 TPR(True Positive Rate)为一个概念，指在总的正样本中模型找回的正样本的个数，代表分类器对正例的覆盖能力，即"找得全"的比例，计算公式如下：

$$\text{Recall} = \frac{TP}{TP + FN} \tag{10-20}$$

式中，TP+FN 为所有真正为正样本的个数，TP 为预测正确的正样本的个数。

4. FPR

FPR(False Positive Rate)是指实际负样本中，错误地判断为正样本的比例。这个值往往越小越好，计算公式如下：

$$\text{FPR} = \frac{FP}{FP + TN} \tag{10-21}$$

式中，FP+TN 为实际样本中所有负样本的总和，FP 指判断为正样本的负样本个数。

5. F1 分数

F1 分数 (F1-score)是分类以及目标检测问题的一个重要的衡量指标。F1 分数认为召回率和精度同等重要，在一些多分类问题的机器学习竞赛中，常常将 F1 分数作为最终测评的方法。F1 分数是精度和召回率的调和平均数，最大为 1，最小为 0，计算公式如下：

$$F1 = \frac{2TP}{2TP + FP + FN} \tag{10-22}$$

10.4.2 PR 曲线与 ROC 曲线

在 10.4.1 节中介绍了准确率、精度、召回率、FPR 和 F1-Score 等指标，但是通常只用这些指标还不能直观地反映模型性能，所以就有了 PR 曲线和 ROC 曲线。

1. PR 曲线

PR 曲线即以精度(Precision)和召回率(Recall)作为纵、横轴坐标的二维曲线，两者具有此消彼长的关系。PR 曲线如图 10-17 所示，如果模型的精度越高，召回率越高，那么模型的性能越好。也就是说 PR 曲线下方的面积越大，模型的性能越好。PR 曲线反映了分类器对正例的识别准确程度和对正例的覆盖能力之间的权衡。

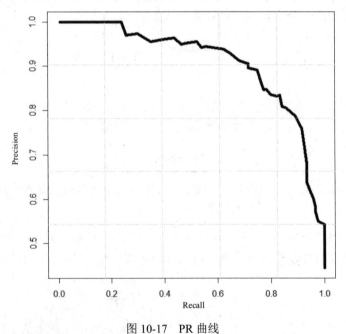

图 10-17　PR 曲线

PR 曲线会受到正负样本比例的影响。例如当负样本增加 10 倍后，在 Recall 不变的情况下，必然召回更多的负样本，精度会大幅下降，所以 PR 曲线对正负样本分布比较敏感。对于不同正负样本比例的测试集，PR 曲线的变化会非常大。

平均精度 (Average Precision，AP)是对不同召回率点上的精度的平均，在 PR 曲线图上表现为 PR 曲线下方的面积。AP 的值越大，则说明模型的平均精度越高，计算公式如下：

$$AP = \int_0^1 \text{Precision}(r)\mathrm{d}r \tag{10-23}$$

2. ROC 曲线

受试者工作特征曲线 (Receiver Operating Characteristic Curve，ROC)的横坐标为 FPR，纵坐标为 TPR。由此可知，当 TPR 越大而 FPR 越小时，说明分类结果是较好的。如图 10-18 所示，ROC 曲线有个很好的特性，即当测试集中的正负样本的分布变换时，ROC 曲线能够保持不变。

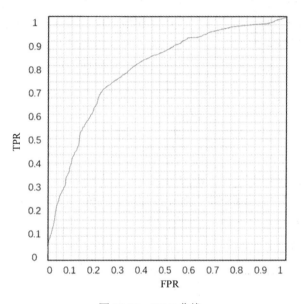

图 10-18　ROC 曲线

ROC 曲线可以反映分类器的总体分类性能，但是无法直接从图中识别出分类最好的阈值。事实上，最好的阈值也是视具体的场景所定的。ROC 曲线一定在 $y = x$ 之上，否则不能称所用算法为一个检测效果较好的模型。

10.4.3　均值平均精度 mAP

均值平均精度(mean Average Precisio，mAP)是计算所有类别 PR 曲线下面积的平均值。在目标检测中，一个模型通常会检测很多类物体，每一类都能绘制一条 PR 曲线，进而计算出一个 AP 值。多个类别的 AP 值的平均就是 mAP，其计算公式如下：

$$mAP = \frac{\sum_{i=1}^{n} AP_i}{n}$$

mAP 可衡量所用模型在所有类别上的好坏，是目标检测中一个最为重要的指标。这个指标的值在 0～1 之间，数值越大，则说明所用模型检测效果越好。

至此，准确率、精度、召回率、FPR、F1 分数、PR 曲线、ROC 曲线、AP 的值以及 mAP 指标已介绍完毕。在实际应用中，还是需要根据检测的对象有目的地选择检测指标。

本 章 小 结

目标检测是计算机视觉领域非常重要的方向，在日常生活以及工业中应用十分广泛。本章主要从目标检测算法的两阶段式和单阶段式角度对常见的模型进行了阐述。对于两阶段式目标检测网络，以 Faster R-CNN 为例，从 Conv layers、Region Proposal Networks、ROI Pooling 以及 Classification 4 个主要部分进行了详细介绍；对于单阶段式目标检测网络，以 YOLOv3 为例，对其特征提取层、瓶颈层和检测层进行了详细描述。此外，由于模型的性能好坏是需要指标来评价的，所以在 10.4 节对常见的目标检测指标进行了介绍，在真正使用的过程中，并不一定要用所有的指标对模型性能进行评价，应根据具体应用对象进行判断。

习　　题

1. 什么叫目标检测？常见目标检测的算法有哪些？
2. 两阶段式目标检测网络和单阶段式目标检测网络的优缺点各是什么？
3. Faster R-CNN 主要分为哪几个部分？
4. 目标检测的评估指标有哪些？

第 11 章 计算机视觉应用——语义分割

语义分割是计算机视觉应用中一项重要的基本任务。作为人工智能方向最重要的基础性技术之一，语义分割关系着智能系统对其应用场景的理解能力，因此在诸如无人驾驶、机器人认知、医疗影像分析、三维重建、人机交互、虚拟现实等领域具有较大的应用价值。深度学习在计算机视觉领域的突破性进展，也为语义分割技术带来了新的机遇。近年来涌现出了一大批基于全卷积神经网络(FCN)的优秀语义分割模型，其中以 DeepLab 系列的网络模型最为经典。本章依次介绍语义分割及语义分割网络的发展。

11.1 语义分割概述

语义分割是计算机视觉应用中重要的基本任务之一，其目的是对图像的每个像素点进行分类，将图像划分为若干个区域，成为具有一定语义含义的区域块，使得不同种类的物体在图像上被区分开来，并且都具有各自的视觉意义，在给予它们不同的视觉语义标签后，最终得到一幅具有逐像素语义标注的分割图像，以利于后续的图像分析和视觉理解。

相比于图像分类和目标检测，语义分割是截然不同且细致化的任务。图像分类仅判断图像中存在什么物体；目标检测是寻找被识别图像中目标物体的具体位置，并通过一个大致的边界框框选出被定位的目标物体；语义分割则是通过判断并分类出图像中的全部像素点，以便更精细地判断出目标所在的具体位置。在图像领域，语义具体指的是图像内容，即对图像意思的理解。语义分割就是从像素的角度进行分类，从而分割出图像中的不同类别对象，因此也可以理解成像素级别的分类任务。如图 11-1 所示，对图(a)中的每个像素进行分类标注，获得图(b)所示的最终的语义分割结果。

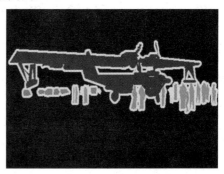

(a) 原图像　　　　　　　　　　　　　　　　(b) 语义分割结果

图 11-1　语义分割示意图

　　语义分割是从粗推理到精推理的步骤，它不仅提供了不同类别的预测，还提供了关于这些类别的空间位置信息。从宏观上看，语义分割作为一项高层次的任务，为实现场景的完整理解铺平了道路。随着语义分割技术对于场景理解的重要性日渐突出，语义分割已经被广泛应用到自动驾驶技术、医疗影像分析等重要领域，如图 11-2 和图 11-3 所示。现阶段智能视觉的快速发展，对场景理解提出了更高的要求，对于场景图像的语义分割效果也提出了更细致的要求。如果能够快速且十分准确地对一幅复杂图像进行语义分割，那么现如今智能视觉研究方向面临的很多问题将会迎刃而解，因此语义分割技术逐步成为计算机视觉领域的一个研究热点。

(a) 道路图像　　　　　　　　　　　　(b) 语义分割图像

图 11-2　语义分割在自动驾驶中的应用

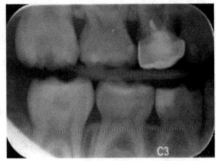
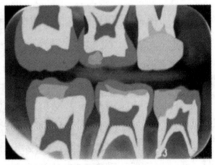

(a) 医疗龋齿图像　　　　　　　　　　(b) 语义分割图像

图 11-3　语义分割在医疗影像分析中的应用

11.2　经典的语义分割模型

　　近年来，随着社会经济的快速发展，人们对语义分割、目标识别等任务的性能要求也越来越高，许多基于深度学习的经典语义分割模型相继被提出，本节对经典语义分割模型的结构及特点进行介绍。对计算机来说，语义信息和离散数据之间一直存在着一条“语义鸿沟”，即图像的低级细节信息无法与高级语义信息直接建立关系，从而导致一些传统的图像分割算法不得不依赖于人工信息的辅助才可获得有效的分割结果，且分割后缺乏高层的语义信息。但深度学习的应用打破了这一条“鸿沟”，卷积神经网络可以通过学习深层的抽象特征来获取高层的语义信息。随着深度学习在计算机视觉领域不断取得突破进展，语义分割技术也迎来了新的机遇。

11.2.1　全卷积神经网络(FCN)

2014 年提出的全卷积神经网络(FCN)开辟了深度学习在语义分割任务中的应用,该研究还获得了计算机视觉的顶级会议 CVPR 2015 年的最佳论文奖。简单地说,全卷积神经网络(FCN)与卷积神经网络(CNN)的最大区别在于,FCN 是把应用于分类任务的 CNN 网络结构中最后的全连接层全部替换成了卷积层,以此来获得抽象的特征图,如图 11-4 所示。全卷积网络在 VGG-16 网络模型的基础上将该网络最后 3 个 4096、4096、1000 的一维向量的全连接层全部替换成了 1×1×4096、1×1×4096、1×1×1000 的卷积层。整个全卷积网络是由卷积层构成的,输入的是一张图像,经过 FCN 的全卷积层输出,得到的是一张目标特征抽象热力图(Heat Map),热力图中每一个像素点的灰度值代表了当前像素点属于该类的概率,图 11-4 中红色部分表示该区域属于猫的概率越大,相反则表示该区域不属于猫的概率越大。如果将此热力图进行上采样操作,便可得到对每一像素点的预测结果,同时保留了空间信息。FCN 网络架构如图 11-5 所示。

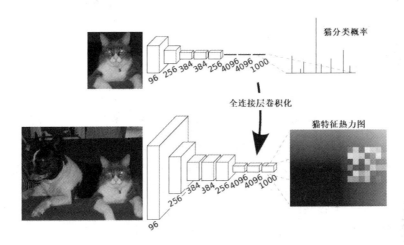

图 11-4　CNN 到 FCN 的转变示意图

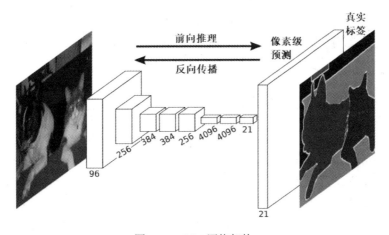

图 11-5　FCN 网络架构

　　在改变全连接层之后，FCN 通过两种方式产生密集输出，一种是直接放大，通过放大变化操作(例如上采样和反卷积)，直接把特征图放大成一个与输入大小相同的输出图像。如图 11-6 所示，FCN-32s 网络直接把池化层 pool5 得到的特征图通过上采样或反卷积方式放大 32 倍，产生一个密集输出(Dense Output)，但是直接放大 32 倍得到的结果不够精确，图像中一些细节无法恢复。

　　另一种方式是通过设计一个跳跃连接，将全局信息和局部信息连接起来，相互补偿来产生更加准确和精细的分割结果。在图 11-6 中，FCN-16s 把池化层 pool4 得到的特征图和经过 2 倍上采样的池化层 pool5 的特征图进行拼接，再通过上采样或反卷积放大 16 倍，得到另一个密集输出；此外，FCN-8s 中先把池化层 pool4 和 2 倍上采样的 pool5 进行拼接后的结果通过上采样或反卷积放大 2 倍，然后，与池化层 pool3 进行拼接，最后通过上采样或反卷积放大 8 倍，产生一个密集输出特征图。

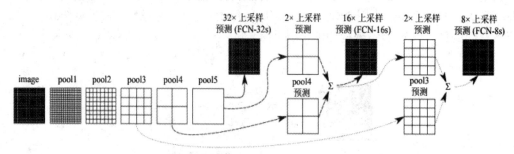

图 11-6　FCN 产生密集输出的方式示意图

　　进一步说，应用于分类任务的 CNN 输入的是图像，输出的是一个结果或一个概率值。而 FCN 是从抽象的特征中使用上采样以恢复每个像素所属的类别，即从图像级别的分类进一步延伸到像素级别的分类，并提出跳跃连接充分融合全局语义信息和局部位置信息，实现精确分割。输入一张网络图像，输出的结果也是一张图像，模型学习像素到像素的映射、端到端的映射。FCN 网络作为深度学习应用于语义分割的开山之作，自然无法避免地存在很多问题：① 上采样过程粗糙，导致特征图语义信息丢失严重，严重影响分割精度；② 跳跃连接未能充分利用图片的上下文信息和空间位置信息，导致全局信息和局部信息的利用率低；③ 网络整体规模庞大、参数多，导致计算时间过长。随后的各种优秀的语义分割网络模型在 FCN 的基础上融入了新的结构，并以不同解决方式改善了上述问题。

11.2.2　编–解码器卷积神经网络

　　编–解码器结构的模型主要由编码器和解码器两部分组成。其中编码器主要由卷积层和下采样层组成，通过卷积操作逐渐减小特征图的大小并捕获更高层次的语义信息；解码器主要由上采样层或反卷积、卷积层和融合层组成，通过上采样或反卷积的方式逐渐恢复对象细节信息和空间维度来进行分割。整个结构利用来自编码器模块的多尺度特征，并从解码器模块恢复空间分辨率。U-Net 模型和 SegNet 模型就是编–解码器结构的典型代表。

1. U-Net 模型

2015 年，U-Net 模型被首次提出，该模型应用在医学领域的细胞分割上，并且斩获当年 ISBI 上的两个奖项。通俗来讲，U-Net 也是卷积神经网络的一种变形，因其主要结构形似字母"U"得名，如图 11-7 所示。U-Net 模型主要由收缩路径(Contracting Path)和扩展路径(Expanding Path)两部分组成，收缩路径主要用来捕捉图像中的上下文信息，而与之相对应的扩展路径则是为了对图像中所需要分割出来的部分进行精准定位。U-Net 诞生的一个主要前提是通常深度学习模型需要大量的样本和计算资源，但是 U-Net 基于 FCN 进行改进，并且利用数据增强方法可以对一些样本比较少的数据进行训练，特别是医学方面相关的数据，医学数据比一般所看到的图像以及其他文本数据的获取成本更大，包括时间和资源的消耗。所以 U-Net 的出现对于深度学习用于较少样本的医学影像是很有帮助的。

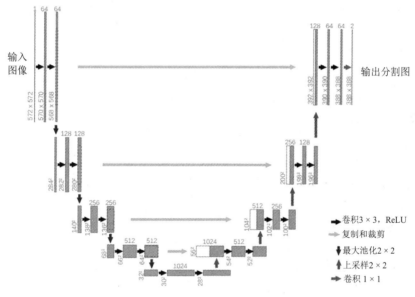

图 11-7 U-Net 模型

U-Net 模型收缩路径的作用主要是提取图像中重要的特征并降低图像分辨率。收缩路径由 4 个模块组成，每个模块包含两次 3×3 卷积、ReLU 激活和 1 次下采样操作。使用 3×3 卷积核的目的是使神经网络复杂性最小化，且保持分割精度。首先，U-Net 模型对输入尺寸为 388×388 像素的图像进行镜像边缘操作。镜像边缘操作是给图像边缘添加一圈与边缘像素镜像对称的边，使模型能更好地处理图像边缘信息。经过这一操作，输入图像尺寸变为 572×572 像素。然后重复两次 3×3 卷积操作和 ReLU 激活。ReLU 激活函数能够加快收敛速度并且避免梯度消失。再进行下采样操作，使用 2×2 最大池化操作降低图像分辨率并保留图像重要信息，但池化操作在提取图像特征的同时也会丢失部分特征。每次下采样后输出图像的维度增加为输入的 2 倍，尺寸减半，重复上述操作 4 次，特征图的维度从最初的 64 变为 512，特征图大小为 32×32 像素。

U-Net 模型扩展路径逐步修复图像细节，将图像恢复至与输入图像等尺寸。扩展路径同样包含 4 个模块，每个模块包含两次 3×3 卷积、ReLU 激活和 1 次上采样操作。上采样操作是为了将下采样操作得到的图像抽象特征再还原解码到原图尺寸。每次上采样操作之后，特征图的尺寸扩大为原来的 2 倍，同时通道数减半，最终输出的特征图尺寸是 388×388 像素。

收缩路径和扩展路径之间添加了跳跃连接用于像素点的定位，不同于 FCN 的加法操作(Summation)，U-Net 使用拼接 (Concatenation)操作，将同一层收缩路径的特征图裁剪为与扩展路径相同的尺寸，然后进行拼接操作，这有助于还原下采样过程中的损失信息。U-Net 模型的提出成功实现了使用极少数据完成端到端的训练，并获得了出色的图像分割效果，成为大多数图像语义分割任务的基线。

U-Net 模型搭建的步骤如下：

(1) 导入需要的 PyTorch 中第三方软件包，具体代码如下：

```python
import torch.nn as nn
import torch.nn.functional as F
import torch.utils.data
import torch
```

(2) 构造 U-Net 模型收缩路径中提取图像特征的基础模块，在卷积神经网络的卷积层之后总会添加 BatchNorm2d 进行数据的归一化处理，这使得数据在进行 ReLU 激活之前不会因为数据过大而导致模型性能不稳定。相关代码如下：

```python
class conv_block(nn.Module):
    def __init__(self, in_ch, out_ch):
        super(conv_block, self).__init__()
        self.conv = nn.Sequential(
            nn.Conv2d(in_ch, out_ch, kernel_size=3, stride=1, padding=1, bias=True),
            nn.BatchNorm2d(out_ch),
            nn.ReLU(inplace=True),
            nn.Conv2d(out_ch, out_ch, kernel_size=3, stride=1, padding=1, bias=True),
            nn.BatchNorm2d(out_ch),
            nn.ReLU(inplace=True))
    def forward(self, x):
        x = self.conv(x)
        return x
```

(3) 构造 U-Net 模型扩展路径中的上采样基础模块，以逐步恢复图像的分辨率，代码如下：

```python
class up_conv(nn.Module):
    def __init__(self, in_ch, out_ch):
        super(up_conv, self).__init__()
        self.up = nn.Sequential(
            nn.Upsample(scale_factor=2),
            nn.Conv2d(in_ch, out_ch, kernel_size=3, stride=1, padding=1, bias=True),
            nn.BatchNorm2d(out_ch),
```

```
                nn.ReLU(inplace=True))
    def forward(self, x):
        x = self.up(x)
        return x
```

(4) 搭建 U-Net 模型的整体架构，代码如下：

```
class U_Net(nn.Module):
    def __init__(self, in_ch=3, out_ch=2):
        super(U_Net, self).__init__()
        n1 = 64
        filters = [n1, n1 * 2, n1 * 4, n1 * 8, n1 * 16]
        #最大池化层
        self.Maxpool1 = nn.MaxPool2d(kernel_size=2, stride=2)
        self.Maxpool2 = nn.MaxPool2d(kernel_size=2, stride=2)
        self.Maxpool3 = nn.MaxPool2d(kernel_size=2, stride=2)
        self.Maxpool4 = nn.MaxPool2d(kernel_size=2, stride=2)
        #左边特征提取卷积层
        self.Conv1 = conv_block(in_ch, filters[0])
        self.Conv2 = conv_block(filters[0], filters[1])
        self.Conv3 = conv_block(filters[1], filters[2])
        self.Conv4 = conv_block(filters[2], filters[3])
        self.Conv5 = conv_block(filters[3], filters[4])
        #右边特征融合反卷积层
        self.Up5 = up_conv(filters[4], filters[3])
        self.Up_conv5 = conv_block(filters[4], filters[3])
        self.Up4 = up_conv(filters[3], filters[2])
        self.Up_conv4 = conv_block(filters[3], filters[2])
        self.Up3 = up_conv(filters[2], filters[1])
        self.Up_conv3 = conv_block(filters[2], filters[1])
        self.Up2 = up_conv(filters[1], filters[0])
        self.Up_conv2 = conv_block(filters[1], filters[0])
        self.Conv = nn.Conv2d(filters[0], out_ch, kernel_size=1, stride=1, padding=0)
    #前向计算，输出一张与原图相同尺寸的图像矩阵
    def forward(self, x):
        e1 = self.Conv1(x)
        e2 = self.Maxpool1(e1)
        e2 = self.Conv2(e2)
        e3 = self.Maxpool2(e2)
        e3 = self.Conv3(e3)
        e4 = self.Maxpool3(e3)
```

```
e4 = self.Conv4(e4)
e5 = self.Maxpool4(e4)
e5 = self.Conv5(e5)
d5 = self.Up5(e5)
d5 = torch.cat((e4, d5), dim=1)      #将 e4 特征图与 d5 特征图横向拼接融合
d5 = self.Up_conv5(d5)
d4 = self.Up4(d5)
d4 = torch.cat((e3, d4), dim=1)      #将 e3 特征图与 d4 特征图横向拼接融合
d4 = self.Up_conv4(d4)
d3 = self.Up3(d4)
d3 = torch.cat((e2, d3), dim=1)      #将 e2 特征图与 d3 特征图横向拼接融合
d3 = self.Up_conv3(d3)
d2 = self.Up2(d3)
d2 = torch.cat((e1, d2), dim=1)      #将 e1 特征图与 d1 特征图横向拼接融合
d2 = self.Up_conv2(d2)
out = self.Conv(d2)
return out
```

2. SegNet 模型

SegNet 模型是在 FCN 图像语义分割任务基础上搭建的编-解码器对称结构,实现端到端的像素级别图像分割。SegNet 模型新颖之处在于解码器对较低分辨率的输入特征图进行上采样。SegNet 针对 FCN 在最大池化和下采样时会降低特征图的分辨率及损失边界信息的问题,设计了将低分辨率特征图映射到高分辨率,即池化索引(Pooling Indices)的方法来产生精确边界的分割结果。

SegNet 模型如图 11-8 所示。该模型主要由编码器网络、解码器网络后接一个逐像素分类层组成。其中编码器网络由 13 层卷积层和 5 层池化层组成,且卷积层包括卷积层、批量归一化层以及 ReLU 激活函数。编码器网络可以将高维向量转换成低维向量,同时在池化过程中记录最大池化索引信息,保存最大特征值所在的位置,以保存边界信息。解码器网络由 5 层上采样层、13 层卷积层以及最后一层 Softmax 分类层组成。解码器网络可以将低分辨率的特征图映射到高空间分辨率的特征图,实现了低维向量到高维向量的重构,最后通过 Softmax 激活函数用于输出与输入图像具有相同分辨率的像素级标签。

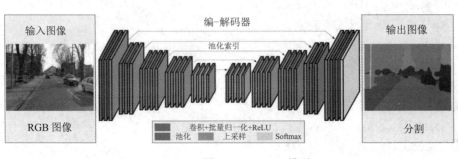

图 11-8　SegNet 模型

如图 11-8 所示，编码器和解码器之间靠池化索引进行连接，池化实际上是一种形式的下采样。SegNet 的编码器在进行最大池化时存储了最大值所在的位置索引，在反池化时，也就是上采样时，可恢复最大值原本所在的位置。池化索引示意图如图 11-9 所示。其上半部分是对特征图进行最大池化，得到池化的特征图，并记录最大值的位置。下半部分是对池化后的特征图进行恢复。恢复主要包括两部分，一是恢复原特征图的尺寸，此处原特征图的尺寸是 4×4，则反池化后的特征图尺寸也是 4×4；另一部分是通过前半部分记录的最大值的位置索引来恢复最大值所在特征图的位置，其他位置的特征图用零表示。这样做的好处是有助于精确定位对象的位置信息，有助于保持高频信息的完整性。上采样后得到的是一个稀疏的特征图，稀疏特征图谱与解码器的转置卷积的特征图谱结合，结合后的密集图谱被执行批量归一化操作。最后的解码器输出特征映射被送入 Softmax 分类层进行像素级分类。在上采样时使用池化索引有以下优势：① 提升边缘刻化度；② 减少因池化操作导致的信息丢失；③ 降低优化难度和参数；④ 通用性好，可用于任何编码-解码网络中。

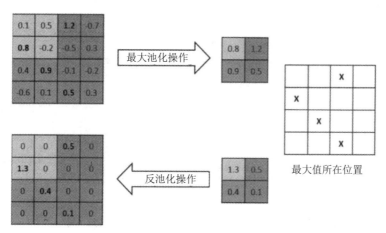

图 11-9　池化索引示意图

搭建 SegNet 模型的代码如下：

（1）导入需要的 PyTorch 中第三方软件包，具体代码如下：

```
import torch
import torch.nn as nn
import torch.nn.functional as F
```

（2）定义一个卷积层、批量归一化层和 ReLU 合并的类，具体代码如下：

```
class ConvBNReLU(nn.Module):
    def __init__(self, in_channels, out_channels):
        super().__init__()
        self.conv = nn.Sequential(
            nn.Conv2d(in_channels=in_channels, out_channels=out_channels, kernel_size=3
            stride=1, padding=1, bias=False),
            nn.BatchNorm2d(num_features=out_channels),
```

```
        nn.ReLU(inplace=True))
    def forward(self, x):
        return self.conv(x)
```

（3）搭建 SegNet 模型的整体架构，具体代码如下：

```
class SegNet(nn.Module):
    def __init__(self, in_channels, num_classes):
        super().__init__()
        # 构建编码器结构
        self.encode1 = nn.Sequential(
            ConvBNReLU(in_channels=in_channels, out_channels=64),
            ConvBNReLU(in_channels=64, out_channels=64),
            nn.MaxPool2d(kernel_size=2, stride=2, return_indices=True))
        self.encode2 = nn.Sequential(
            ConvBNReLU(in_channels=64, out_channels=128),
            ConvBNReLU(in_channels=128, out_channels=128),
            nn.MaxPool2d(kernel_size=2, stride=2, return_indices=True))
        self.encode3 = nn.Sequential(
            ConvBNReLU(in_channels=128, out_channels=256),
            ConvBNReLU(in_channels=256, out_channels=256),
            ConvBNReLU(in_channels=256, out_channels=256),
            nn.MaxPool2d(kernel_size=2, stride=2, return_indices=True))
        self.encode4 = nn.Sequential(
            ConvBNReLU(in_channels=256, out_channels=512),
            ConvBNReLU(in_channels=512, out_channels=512),
            ConvBNReLU(in_channels=512, out_channels=512),
            nn.MaxPool2d(kernel_size=2, stride=2, return_indices=True))
        self.encode5 = nn.Sequential(
            ConvBNReLU(in_channels=512, out_channels=512),
            ConvBNReLU(in_channels=512, out_channels=512),
            ConvBNReLU(in_channels=512, out_channels=512),
            nn.MaxPool2d(kernel_size=2, stride=2, return_indices=True))
        # 构建解码器结构
        self.decode5 = nn.Sequential(
            ConvBNReLU(in_channels=512, out_channels=512),
            ConvBNReLU(in_channels=512, out_channels=512),
            ConvBNReLU(in_channels=512, out_channels=512),)
        self.decode4 = nn.Sequential(
            ConvBNReLU(in_channels=512, out_channels=512),
```

```
            ConvBNReLU(in_channels=512, out_channels=512),
            ConvBNReLU(in_channels=512, out_channels=256))
        self.decode3 = nn.Sequential(
            ConvBNReLU(in_channels=256, out_channels=256),
            ConvBNReLU(in_channels=256, out_channels=256),
            ConvBNReLU(in_channels=256, out_channels=128))
        self.decode2 = nn.Sequential(
            ConvBNReLU(in_channels=128, out_channels=128),
            ConvBNReLU(in_channels=128, out_channels=64))
        self.decode1 = nn.Sequential(
            ConvBNReLU(in_channels=64, out_channels=64),
            ConvBNReLU(in_channels=64, out_channels=num_classes))
        self.up = nn.MaxUnpool2d(kernel_size=2, stride=2)
        self.seghead = nn.Softmax(dim=1)
    # 前向传播
    def forward(self, x):
        x, x_encode1_indices = self.encode1(x)
        x, x_encode2_indices = self.encode2(x)
        x, x_encode3_indices = self.encode3(x)
        x, x_encode4_indices = self.encode4(x)
        x, x_encode5_indices = self.encode5(x)
        x = self.decode5(self.up(x, x_encode5_indices))
        x = self.decode4(self.up(x, x_encode4_indices))
        x = self.decode3(self.up(x, x_encode3_indices))
        x = self.decode2(self.up(x, x_encode2_indices))
        x = self.decode1(self.up(x, x_encode1_indices))
        x = self.seghead(x)
# 主函数
if __name__ == '__main__':
    inputs = torch.randn(4, 3, 512, 512)
    net = SegNet(in_channels=3, num_classes=2)
    output = net(inputs)
```

11.2.3　DeepLab 系列语义分割网络

　　DeepLab 系列网络模型是谷歌团队在 FCN 理念的基础上提出并逐步发展的语义分割网络模型。从 2015 年到 2019 年，DeepLab 系列网络模型共发布了 4 个版本，分别为 v1、v2、v3 和 v3+。这 4 个版本借鉴了近年来图像分类的创新成果以改进语义分割，并启发了该领域的许多其他研究工作。DeepLab 系列网络模型通过调整网络结构以实现良好的分割效果，该系列网络模型的重要理念是探索能够更有效地利用空洞卷积并结合多尺度信息提升语义分割的精度。

1. DeepLabv1 网络模型

DeepLabv1 结合了深度卷积神经网络(DCNN)和概率图模型。研究人员在实验中发现 DCNN 进行语义分割时精准度不够的问题，是 DCNN 在通过卷积运算提取高级特征时固有的平移不变性(即高层次特征映射)造成的。DeepLabv1 解决这一问题的方法是将 DCNN 层输出的特征响应和全连接条件随机场(CRF)结合。该方法实质上可以分为两步：第一步仍然采用 FCN 得到粗糙特征图并插值到原图像大小；第二步借用全连接条件随机场作为后处理，对 FCN 得到的结果进一步进行细节上的改善。DeepLabv1 模型结构如图 11-10 所示。

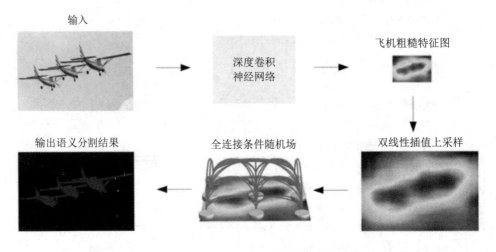

图 11-10　DeepLabv1 网络模型结构

除此之外，从 DeepLabv1 开始，DeepLab 系列网络模型还将空洞卷积融入了深度卷积神经网络中。空洞卷积(Dilated Convolution 或 Atrous Convolution)于 2016 年提出，在图像分类网络中，使用池化操作等下采样处理，图像分辨率会随着网络深度的增加而下降。空洞卷积的提出就是为了解决图像分类中下采样严重丢失物体细节和降低图像分辨率的问题，能够保证在不使用池化的前提下，扩大感受野增加特征图的分辨率，并保证在相同计算条件下能够提高预测结果精度。然而语义分割是一个密集预测的任务，如何保证输出分辨率的同时，使得深层的网络有足够的感受野，成为了一个关键的问题。空洞卷积解决了这个问题，它能在不降低图像分辨率的同时有效增加感受野。假设卷积核尺寸为3×3，在相同的计算条件下，空洞卷积会使用空洞"0"增大感受野尺寸，使感受野尺寸变为5×5或者更大的尺寸，从而避免使用下采样。在空洞卷积中，引入新的参数——膨胀率(Atrous Rate)描述卷积核处理样本时各值之间的间隔，正常的卷积核膨胀率为 1。膨胀率越大，提取的特征范围越大，产生的感受野越大，故而获取图像中的语义特征信息越多。图 11-11(a)～(c)分别对应膨胀率为1、2、4且卷积核尺寸大小为3×3的空洞卷积，由图可看出对应的感受野依次为3×3、7×7、15×15。

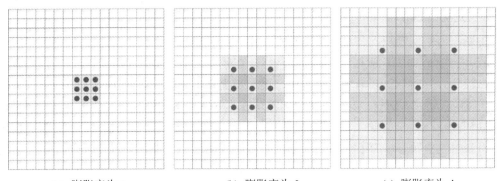

(a) 膨胀率为 1   (b) 膨胀率为 2   (c) 膨胀率为 4

图 11-11 空洞卷积

空洞卷积的感受野计算公式为

$$F_{\text{rate}} = (\text{rate} - 1) \times (K + 1) + K \qquad (11\text{-}1)$$

式中，rate 表示膨胀率，K 表示原始卷积核的尺寸，F_{rate} 表示空洞卷积的感受野尺寸。

2. DeepLabv2 网络模型

继 DeepLabv1 之后，谷歌又推出了 DeepLabv2。DeepLabv2 网络模型的最大改动是增加了受空间金字塔池化(SPP)启发得出的空洞空间金字塔池化(ASPP)模块，如图 11-12 所示。图像金字塔是图像中多尺度表达的一种，主要用于图像分割，是一种通过提取多分辨率图像以对图像进行解释的有效但概念简单的结构。图像金字塔最初用于机器视觉和图像压缩，将图像以不同的分辨率以金字塔形状进行排列，从而形成图像的金字塔。图像金字塔通过梯次向下采样获得，直至达到某个终止条件才停止采样。在图像金字塔中，金字塔的顶层图像分辨率最低，底层图像分辨率最高。常见的图像金字塔有高斯金字塔和拉普拉斯金字塔两种。众所周知，多尺度对于网络模型的表现能力会有很大提升，第 9 章介绍过感受野的概念，感受野是指特征图上的一个点所对应原图区域的大小，如果有多种感受野，那么通过融合多种感受野的特征信息，就能构造一种多尺度模型。于是 DeepLabv2 通过将空洞卷积与金字塔池化融合，提出了一种空洞空间金字塔池化(ASPP)模块，从而构造出了一种独有的多尺度特征融合方法，以此进一步提升模型的表现力。

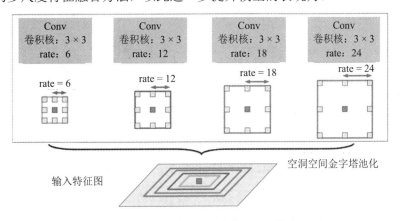

图 11-12 DeepLabv2 中的 ASPP 模块

3. DeepLabv3 网络模型

重新思考空洞卷积，在 DeepLabv2 基础上，DeepLabv3 舍弃了全连接条件随机场后处理步骤，将 ResNet 作为主干特征提取网络，在残差结构中引入空洞卷积以构建串行的空洞卷积模块，并对 ASPP 模块进行改进，进一步提升了分割效果。DeepLabv3 网络模型结构如图 11-13 所示。DeepLabv2 的 ASPP 模块在膨胀率很大的情况下，由于图像边界效应，空洞卷积会出现"权值退化"问题，导致模块不能捕捉图像的大范围信息，于是 DeepLabv3 在 ASPP 模块中额外添加了全局平均池化(Global Average Pooling)，以获得全局信息。改进后的 ASPP 模块可以同时获取多尺度特征和全局内容信息的图像层特征。

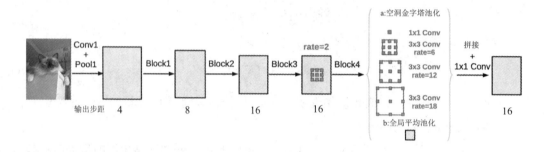

图 11-13　DeepLabv3 网络模型结构

4. DeepLabv3+网络模型

DeepLabv3+是谷歌在 2018 年提出的 DeepLab 系列的最后一个网络模型。在 DeepLabv3 中，人们发现经过空洞空间金字塔池化(ASPP)模块后直接进行一次 8 倍上采样的操作，以恢复原图像大小的语义分割预测图的效果还是不够理想，于是借鉴了编-解码器结构的思路，将 ASPP 模块与编-解码器结构相结合，构造了一个融合低级图像特征和高级语义特征的新结构，即 DeepLabv3+，如图 11-14 所示。

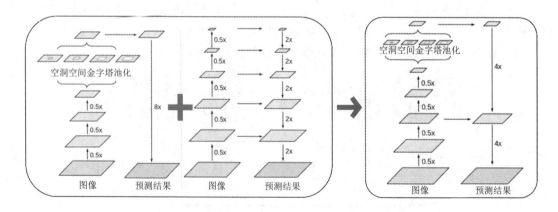

图 11-14　空洞空间金字塔池化融合编-解码器结构示意图

DeepLabv3+的总网络结构如图 11-15 所示。整个结构由编码器和解码器两大部分组成，输入图像经过包含空洞卷积的主干特征提取网络后，通过 ASPP 模块，得到编码器部分输出的高层语义特征图。随后高层语义特征图经过 4 倍上采样的操作之后，与主干特征提取网络中间层包含图像低级信息的特征图进行融合，得到融合低层图像特征和高层语义特征的总特征图，最后再通过一次 4 倍上采样，得到与原图大小一致的语义分割结果图。DeepLabv3+网络的提出解决了特征图直接上采样至原始图像分辨率所导致的语义分割结果部分细节和信息丢失的问题，并取得了最先进的语义分割性能。

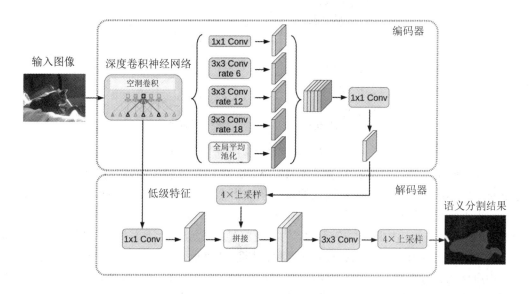

图 11-15　DeepLabv3+总网络结构

从图 11-15 的网络结构中可以直观地看到，DeepLabv3+网络构建最重要的就是主干特征提取网络、ASPP 加强特征提取网络、低层特征与深层特征的融合三大部分。下面将对 DeepLabv3+网络模型构建中最重要的这三大部分展开具体介绍。

DeepLabv3+应用的主干特征提取网络是 Xception。Xception 作为一种完全基于深度可分离卷积的 DCNN 结构被应用于 DeepLabv3+中，结合各种训练策略实现了良好的语义分割性能，但是存在训练耗时、占用显存较严重的问题。可以使用轻量级的主干特征提取网络 MoblieNetv2 替代 Xception 进行模型的构建，使整体网络模型的训练速度更快。MobileNet 模型是 Google 针对手机等嵌入式设备提出的一种轻量级的深层神经网络，提出了深度可分离卷积的概念。深度可分离卷积是将普通卷积分解成 DepthWise(DW) 卷积和 PointWise(PW)卷积两部分，它可以大幅度减少模型的参数量和计算量。而 MobileNetv2 是 MobileNet 的升级版，MobileNetv2 具有一个非常重要的特点，即提出并使用了 Inverted Resblock(倒残差结构)，如图 11-16 所示。

在 MobileNetv2 主干特征提取网络的构建中，最重要的就是倒残差结构，可以说整个 MobileNetv2 都由倒残差结构组成。构建好倒残差结构后，就可以通过循环不同的倒残差结构进行稠密的特征提取，并以此来构建 MobileNetv2 网络模型。为了使 MobileNetv2 作为主干特征提取网络并融入 DeepLabv3+模型的整体网络构建中，还需要在 DeepLabv3+网络的构建代码中添加对 MobileNetv2 原始网络的微调与处理。

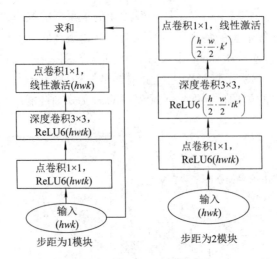

图 11-16　MobileNetv2 的倒残差结构

　　空洞空间金字塔池化(ASPP)模块是 DeepLab 系列为了解决物体存在的多尺度问题而提出的有效解决方法。该模块对输入的特征图使用不同膨胀率的空洞卷积进行并行采样，能够完成不同尺度目标特征信息的提取和区分，实现多尺度目标的分割。DeepLabv3+中的ASPP 模块的具体结构如图 11-17 所示。为了更好地融合全局上下文信息，ASPP 对主干特征提取网络输出的特征图分别进行1×1卷积，膨胀率为 6、12、18 的 3 个3×3卷积以及全局平均池化的并行操作后，将加强特征提取后得到的特征图进行拼接操作，再通过1×1卷积把通道数压缩为 256 个，从而得到最终的高层语义特征图。

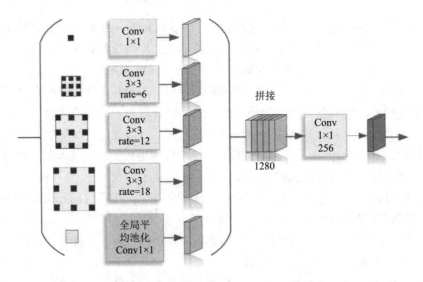

图 11-17　DeepLabv3+中的 ASPP 模块结构

　　ASPP 加强特征提取网络模块中最重要的部分是图 11-17 所示的 5 个分支。通过采用上述的 ASPP 模块，可得到编码器部分输出的高层语义特征图。随后高层语义特征图在 4 倍上采样操作后，与从主干特征提取网络中间层抽离出的包含图像浅层信息的特征图进行融合，从而得到融合低层图像特征和高层语义特征的总特征图。

　　通过训练好的 DeepLabv3+网络模型可以预测获取的语义分割图像,部分语义分割效果如图 11-18 所示,图(a)为输入图像,图(b)为预测和原图混叠效果图,图(c)为语义分割预测图,图(d)为真实标签。

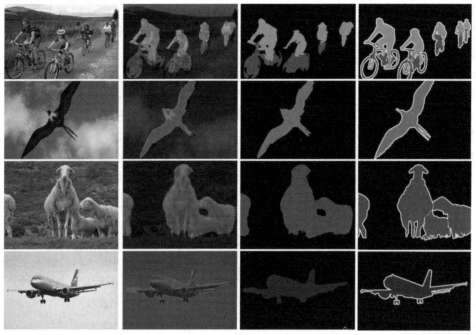

　　(a) 输入图像　　(b) 预测和原图混叠效果图　(c) 语义分割预测图　　　(d) 真实标签

图 11-18　预测的语义分割图像

11.3　语义分割常用数据集介绍

　　语义分割常用的数据集主要包括以下几类。

　　(1) Pascal VOC(Pascal VOC 挑战赛主要是图像分类、目标检测和图像分割等三类任务的基准测试比赛)数据集主要有四个大类别,分别是人、常见动物、交通车辆、室内家具用品,数据集标注质量高、场景复杂、检测难度大、数据量小但是场景丰富,包含 20 个前景对象类和一个背景类共 21 个语义类别。原始数据集包含 1464 张训练图像、1449 张验证图像、1456 张测试图像,大小均为 513×513。在此基础上,Hariharan 等人对 Pascal VOC 2012 数据集进行了扩充增强,提供了额外的像素级标注,使数据集拥有 10 582 张训练图像。使用扩充后的 Pascal VOC 2012 数据集来训练测试网络模型,相比于 ImageNet 数据集更加考验人工智能算法的设计和创新能力。Pascal VOC 官方网址为 http://host.robots. ox.ac.uk / pascal/VOC/。

　　(2) Cityscapes 数据集专注于对城市街道场景的语义理解,共包含来自 50 个城市的不同场景、不同背景、不同街道的 24 998 张图像以及包含 30 种类别涵盖地面、建筑、交通标志、自然、天空、人和车辆等物体标注,以关注真实场景下的环境理解著称,任务难度大。此外,图像根据标记质量分为两组,其中 5000 张是精细注释,19 998 张是粗注释。

5000 张精细标注的图像进一步分组为 2975 张训练图像、500 张验证图像和 1525 张测试图像。Cityscapes 官方网址为 https://www.cityscapes-dataset.com/。

(3) CamVid 是第一个具有目标类别语义标签的视频集合数据集。该数据集提供了 32 个不同类别的语义标签，每个像素与 32 个语义类别中的一个相关联。数据主要通过在固定位置架设摄像机进行拍摄和从驾驶汽车的角度拍摄这两种方式进行获取，驾驶场景增加了观察目标的数量和异质性。CamVid 官方网址为 http://mi.eng.cam.ac.uk/research /projects/ VideoRec/ Cam-Vid/。

(4) SUN RGB-D 数据集是普林斯顿大学的 Vision & Robotics Group 公开的一个有关场景理解的数据集，拥有 5285 张训练图像和 5050 张测试图像。这些图像是由不同的传感器捕获的，因此具有不同的分辨率。在图像类别中涵盖了 37 个室内场景类，包括墙、地板、天花板、桌子、椅子、沙发等。由于对象类具有不同的形状、大小和不同的姿态，因此对这些图像进行语义分割的任务是十分困难和复杂的，极具有挑战性。SUN RGB-D 官方网址为 http://rgbd.cs.princeton.edu。

(5) NYUD 同样是关于室内场景的数据集，该数据集分为 NYU-Depth V1 和 NYU-Depth V2 两大类型。其中 NYU-Depth V2 数据集由摄像机记录的各种室内场景的视频序列组成，包含来自 3 个城市的 464 种不同的室内场景和 26 种场景类型，共 407 024 个未标记的帧以及 1449 个密集标记的帧。而 NYU-Depth V1 包含 64 种不同的室内场景和 7 种场景类型，共 108 617 张未标记的帧和 2347 个密集标记的帧。NYUD 官方网址为 https://cs.nyu.edu/~ silberman/datasets/。

11.4 语义分割评价指标

目前已经有许多专注于语义分割的模型与基准数据集，这些基准数据集为评价模型的性能提供了一套统一的标准。通常对分割模型进行评价会从执行时间、内存使用率和算法精度等方面进行考虑。这里主要介绍语义分割模型的算法精度评价指标。

类比二分类问题，在图像分割中引入"混淆矩阵"，这里用 PA 和 IoU 的值来评估语义分割技术的准确性。假设共有 $k+1$ 个类，P_{ij} 表示本属于类 i 但被预测为类 j 的像素数量，即 P_{ii} 表示真正的数量(TP+TN，TP 为真正例，TN 为真反例)，而 P_{ij} 和 P_{ji} 则分别被解释为假正例(FP)和假反例(FN)。当 $i \neq j$ 时，P_{ii} 表示 TP，P_{jj} 表示 TN，P_{ij} 表示 FP，P_{ji} 表示 FN。

(1) 像素精度(Pixel Accuracy，PA)：标记正确的像素占总像素的比例，等价于准确率，公式为

$$PA = \frac{\sum_{i=0}^{k} P_{ii}}{\sum_{i=0}^{k} \sum_{j=0}^{k} P_{ij}} = \frac{TP + TN}{TP + TN + FN + FP} \tag{11-2}$$

(2) 交并比 IoU：模型对某一类别预测结果和真实值的交集与并集的比值，一种在特定数据集中检测相应物体准确度的标准，公式为

$$\text{IoU} = \frac{\text{Pred} \cap \text{True}}{\text{Pred} \cup \text{True}} = \frac{\text{TP}}{\text{TP} + \text{FP} + \text{FN}} \tag{11-3}$$

(3) 均像素精度 mPA：计算每个类内被正确分类像素数的比例，再求所有类的平均，公式为

$$\text{mPA} = \frac{1}{K+1} \sum_{i=0}^{k} \frac{P_{ii}}{\sum_{j=0}^{k} P_{ij}} \tag{11-4}$$

(4) 平均交并比 mIoU：所有类别的 IoU 上取平均值。在图像语义分割领域，mIoU(平均交并比)是一个衡量图像语义分割精度的重要指标，一般 mIoU 越大，代表网络模型训练后预测得到的语义分割结果越接近真实标签图像。要计算 mIoU 首先需要在每个类别上计算 IoU 值。然后将所有类别的 IoU 值相加起来并除以类别总数，得到 mIoU 值，因此公式为

$$\text{mIoU} = \frac{1}{K+1} \sum_{i=0}^{k} \frac{P_{ii}}{\sum_{j=0}^{k} P_{ij} + \sum_{j=0}^{k} P_{ji} - P_{ii}} \tag{11-5}$$

(5) 频权交并比 fmIoU：根据每一类出现的频率设置权重，权重乘以每一类的 IoU 并进行求和，公式为

$$\text{fmIoU} = \frac{1}{\sum_{i=0}^{k} \sum_{j=0}^{k} P_{ij}} \sum_{i=0}^{k} \frac{\sum_{j=0}^{k} P_{ij} P_{ii}}{\sum_{j=0}^{k} P_{ij} + \sum_{j=0}^{k} P_{ji} - P_{ii}} \tag{11-6}$$

每个类别的真实数目为 TP+FN，总数为 TP+FP+TN+FN，其中每一类的权重和其 IoU 的乘积计算公式如下：

$$\text{fwIoU} = \left[\frac{\text{TP} + \text{FN}}{\text{TP} + \text{FP} + \text{TN} + \text{FN}} \right] \times \left[\frac{\text{TP}}{\text{TP} + \text{FP} + \text{FN}} \right] \tag{11-7}$$

上面描述的所有指标中，mIoU 由于其代表性和简单性而脱颖而出，成为最常用的评价指标。大多数挑战和研究人员利用这一指标来展示所得到的结果。

本 章 小 结

本章主要介绍了基于深度学习的语义分割模型，首先介绍了最早基于卷积神经网络进行像素级别语义分割的模型，即全卷积网络（FCN），FCN 使用了反卷积和上采样等技术来实现从网络输出到原始图像的映射；然后介绍了一种特殊的卷积神经网络——U-Net 模型，U-Net 模型使用了编-解码器结构，并且在解码器中加入了跳跃连接技术，使得模型可以利用不同尺度的特征来进行分割，具有较强的表征能力和较好的特征融合能力；接着介绍了一种轻量级的卷积神经网络——SegNet 模型，SegNet 模型使用了编-解码器结构，并且在解码器中采用了最大池化的反向映射来进行上采样，可使用相对较少的参数来进行语

义分割；最后介绍了一种基于空洞卷积的卷积神经网络——DeepLab 网络模型，DeepLab 网络模型使用了多尺度空洞卷积来进行语义分割，并且采用了全局平均池化来进行分类。此外，本章还介绍了语义分割的常用数据集、评价指标。通过本章的学习，希望读者能深入理解卷积神经网络在语义分割中的应用，进一步了解计算机视觉技术和深度学习技术。

习　题

1. 什么是语义分割？
2. 计算机视觉应用的语义分割任务是如何发展的？
3. DeepLab 系列的语义分割网络是如何逐步发展并改进的？
4. 基于 PyTorch 框架的 DeepLabv3+网络模型主要分为几个部分？它们如何搭建？

参 考 文 献

[1] ZHANG A，LI M，LIPTON Z C，et al. 动手学深度学习[M]. 北京：人民邮电出版社，2020.

[2] STEGER C，ULRICH M，WIEDEMANN C. 机器视觉算法与应用 [M]. 2 版. 杨少荣，段德山，张勇，译. 北京：清华大学出版社，2019.

[3] Gonzalez R C，WOODS R E. 数字图像处理 [M]. 3 版. 阮秋琦，阮宇智，译. 北京：电子工业出版社，2011.

[4] VAMEI. 从 Python 开始学编程[M]. 北京：电子工业出版社，2017.

[5] MATTHES E. Python 编程：从入门到实践[M]. 袁国忠，译. 北京：人民邮电出版社，2016.

[6] DOWNEY A B. 像计算机科学家一样思考 Python [M]. 2 版. 赵普明，译. 北京：人民邮电出版社，2016.

[7] CHOLLET F. Python 深度学习[M]. 张亮，译. 北京：人民邮电出版社，2018.

[8] 斋藤康毅. 深度学习入门：基于 Python 的理论与实现[M]. 陆宇杰，译. 北京：人民邮电出版社，2020.

[9] 刘国华. HALCON 数字图像处理[M]. 西安：西安电子科技大学出版社，2018.

[10] 郭卡，戴亮. Python 计算机视觉与深度学习实战[M]. 北京：人民邮电出版社，2021.

[11] BIRD S，KLEIN E，LOPER E. Python 自然语言处理[M]. 张旭，崔杨，刘海平，译. 北京：人民邮电出版社，2014.

[12] GOODFELLOW I，BENGIO Y，COURVILLE. A 深度学习[M]. 赵申剑，黎彧君，符天凡，等译. 北京：人民邮电出版社，2021.

[13] CHUN W. Python 核心编程 [M]. 3 版. 孙波翔，李斌，李晗，译. 北京：人民邮电出版社，2016.

[14] 邱锡鹏. 神经网络与深度学习[M]. 北京：机械工业出版社，2020.

[15] GORELICK M，OZSVALD I. Python 高性能编程[M]. 胡世杰，徐旭彬，译. 北京：人民邮电出版社，2017.

[16] SWEIGART A. Python 编程快速上手：让繁琐工作自动化[M]. 王海鹏，译. 北京：人民邮电出版社，2020.

[17] KETKAR N，MOOLAYIL J. Deep Learning with Python[M]. Apress，Berkeley，CA，2021.

[18] 吴茂贵，郁明敏，杨本法，等. Python 深度学习：基于 PyTorch[M]. 北京：机械工业出版社，2019.

[19] 张校捷. 深入浅出 PyTorch：从模型到源码[M]. 北京：电子工业出版社，2020.

[20] KOLLMANNSBERGER S，D'ANGELLA D，JOKEIT M，et al. Deep Learning in Computational Mechanics[M]. Switzerland：Springer，Cham，2021.

[21] TAWEH B II. Applied Reinforcement Learning with Python[M]. Apress，Berkeley，CA，2019.

[22]　曾芃壹. PyTorch 深度学习入门[M]. 北京：人民邮电出版社，2019.

[23]　SIMONYAN K，ZISSERMAN A. Very Deep Convolutional Networks for Large-Scale Image Recognition[J]. Computer Science，2014.

[24]　尹红，符祥，曾接贤，等. 选择性卷积特征融合的花卉图像分类[J]. 中国图象图形学报，2019，24(05)：762-772.

[25]　田佳鹭，邓立国. 基于改进 VGG-16 神经网络的图像分类方法[J]. 计算技术与自动化，2021，40(02)：131-135.

[26]　芦佳，陆振宇，詹天明，等. 基于 YOLO 和深度残差混合网络的狗脸检测算法[J]. 计算机应用与软件，2021，38(09)：140-145.

[27]　雷蕾，方睿，徐铭美，等. 基于 YOLO 的交通标志检测算法[J]. 现代计算机，2021，27(24)：93-99.

[28]　王硕，王孝兰，王岩松，等. 基于改进 tiny-YOLOv3 的车辆检测方法[J]. 计算机与数字工程，2021，49(08)：1549-1554.

[29]　REDMON J，FARHADI A. Yolov3：An incremental improvement[J]. arXiv preprint arXiv：1804.02767，2018.

[30]　REN S，HE K，GIRSHICK R，et al. Faster r-cnn：Towards real-time object detection with region proposal networks[J]. Advances in neural information processing systems，2015，28.

[31]　DEY S. Python 图像处理实战[M]. 陈盈，邓军，译. 北京：人民邮电出版社，2020.

[32]　RAMALHO L. 流畅的 Python[M]. 安道，吴珂，译. 北京：人民邮电出版社，2017.

[33]　SOLEM J E. Python 计算机视觉编程[M]. 朱文涛，袁勇，译. 北京：人民邮电出版社，2014.

[34]　RASHID T. Python 神经网络编程[M]. 林赐，译. 北京：人民邮电出版社，2018.

[35]　MULLER A C，GUIDO S. Python 机器学习基础教程[M]. 张亮，译. 北京：人民邮电出版社，2020.

[36]　SZELISKI R. 计算机视觉：算法与应用[M]. 艾海舟，兴军亮，译. 北京：清华大学出版社，2012.

[37]　唐进民. 深度学习之 PyTorch 实战计算机视觉[M]. 北京：电子工业出版社，2018.

[38]　阮敬. Python 数据分析基础[M]. 北京：中国统计出版社，2017.

[39]　DAVIES E R. 计算机视觉原理、算法、应用及学习(原书第 5 版)[M]. 袁春，刘婧，译. 北京：机械工业出版社，2020.

[40]　THOMAS S，PASSI S. PyTorch 深度学习实战[M]. 马恩驰，陆健，译. 北京：机械工业出版社，2020.

[41]　FORSYTH D A，PONCE J. 计算机视觉[M]. 北京：电子工业出版社，2012.

[42]　袁梅宇. PyTorch 编程技术与深度学习[M]. 北京：清华大学出版社，2022.

[43]　STEVENS E，ANTIGA L，VIEHMANN T. PyTorch 深度学习实战[M]. 牟大恩，译. 北京：人民邮电出版社，2022.

[44]　HARTLEY R，ZISSERMAN A. 计算机视觉中的多视图几何：原书第 2 版. [M]. 韦穗，章权兵，译. 北京：机械工业出版社，2019.